河南地球科学研究进展
(2023)

HENAN DIQIU KEXUE YANJIU JINZHAN (2023)

河南省地质学会　主编

图书在版编目(CIP)数据

河南地球科学研究进展.2023/河南省地质学会主编.—武汉:中国地质大学出版社,2024.7.—ISBN 978-7-5625-5898-9

Ⅰ.P-53

中国国家版本馆CIP数据核字第2024Q2K651号

河南地球科学研究进展(2023)		河南省地质学会 主编	
责任编辑:周 旭			责任校对:徐蕾蕾
出版发行:中国地质大学出版社(武汉市洪山区鲁磨路388号)			邮编:430074
电 话:(027)67883511	传 真:(027)67883580		E-mail:cbb@cug.edu.cn
经 销:全国新华书店			http://cugp.cug.edu.cn
开本:880毫米×1230毫米 1/16		字数:325千字	印张:10.25
版次:2024年7月第1版		印次:2024年7月第1次印刷	
印刷:湖北睿智印务有限公司			
ISBN 978-7-5625-5898-9			定价:68.00元

如有印装质量问题请与印刷厂联系调换

《河南地球科学研究进展(2023)》

编委会名单

主　　编：燕长海
副 主 编：陈守民
参编人员：齐登红　刘立强　张　璋　丁心雅

前　言

　　河南省地质学会根据国家和河南省在不同历史时期的发展需求,团结引领河南省地质科技工作者在地质矿产勘查研究和地质技术社会服务工作方面均取得令人瞩目的成就,不仅在河南省境内发现了多个矿产地,提交了大量的矿产资源/储量,为河南省社会经济发展作出了重大贡献;而且充分发挥自身平台优势和行业特色,不断创新工作思路,主动开拓地质技术服务新的工作领域,全面提升服务能力,在组织建设、学术交流、科学普及、人才育荐、会员服务等方面做了大量卓有成效的工作,有力地支撑了河南省地质事业在各个历史阶段的进步与发展。河南省地质学会作为面向全省地质行业,服务广大地质科技工作者的学术组织,为进一步加强地质各领域最新学术成果交流,探讨新时代地质工作的方向,促进新时代地质工作的转型升级,推动地质科技进步与创新,为广大地质科技工作者搭建共享知识、启迪创新、活跃交流的学术平台,自 2008 年起,以年卷版的形式公开出版发行《河南地球科学研究进展》(论文集),所收录论文均可在中国知网上检索。据不完全统计,至今共收录论文 600 余篇。自发出《河南地球科学通报》(2023 年卷)的征稿通知之日起,已征集到学术论文 35 篇,经审稿确定刊用 23 篇,内容涉及地质矿产、水工环地质、方法技术及其他。

　　由于时间仓促,水平所限,书中难免存在不妥之处,恳请读者批评指正!

目 录

地质矿产

北秦岭褶皱带的构造运动继承性 …………………………………………………………… 裴　放(2)

豫西蔡家伟晶岩含锂矿物特征及选矿工艺研究 ………………………………………… 唐汪忠(9)

河南省卢氏县桦树下矿区地球化学特征及找矿前景 …………………………… 禹明高,董化祥(17)

栾川县三院沟萤石矿矿床地质特征分析 ……………………………… 张六虎,王亚锋,王富永(23)

西天山阿吾拉勒成矿带火山岩研究进展 ………………………………… 茹　朋,李晓芳,王亚珂(29)

鄂西北青木沟钒矿床地质地球化学特征及富集规律 ………………………… 王婧薇,任　明(36)

水工环地质

新时期河南省矿山地质环境治理工作理念与模式思考 ………………… 高小旭,张文培,陈　阳(46)

豫北平原水化学组分变迁分析 ………………………………………………… 王邦贤,王玉海(51)

基于信息量模型的河南省地质灾害易发性评价 ……………… 张文培,陈　阳,李屹田,徐郅杰(58)

浅析河南省自然灾害现状及防治对策研究 …………………… 郑光明,王　帅,崔相飞,陈　阳(63)

巩义市源村地热井水化学特征及地热成因分析 ……………… 崔相飞,王　帅,吕　灯,戚　赏,方　林(68)

鲁山县薛寨构造地热田水化学特征及开发潜力研究 ……… 刘华平,周晓磊,王吉平,曹自豪,梅鹏里(78)

博爱县矿山地质环境现状监测研究 …………………………… 张文培,李屹田,武保珠,陈　阳(84)

矿山开采对沁阳市地质环境影响评价研究 …………………… 甄　娜,高小旭,侯国伟,张文培(91)

基于GIS空间分析的陕州区地质灾害易发性评价 ……………………………………… 刘志海(97)

河南省灵宝市黄土崩塌特征及成灾机制分析 ………………………… 乔欣欣,刘登飞,夏　涛(106)

滑坡应急治理工程中的几点思考 ……………………………………………… 高小旭,张庆晓(111)

方法技术

河南省滑坡地质灾害专业监测预警技术方法探索与研究 ……………… 刘登飞,乔欣欣,夏　涛(118)

市政污泥在矿区生态修复中的应用研究 ……………………………… 余悦发,喻广军,吕前辉(124)

充填注浆技术在煤矿塌陷区地质灾害治理中的应用 …………………… 李旭庆,贾元庆,郑晓良(130)

基于SBAS-InSAR技术的矿区地表变形监测应用与分析 ……………… 陈　阳,孙亚鹏,夏　涛,张文培(135)

其 他

平原区水旱灾害协同减灾模式——以河南"7·20"特大暴雨灾害为例 ………………… 谢朝永,刘兰菊(144)

基于遥感监测应用于特色农业的研究 ………………………………………… 顾贯永,申扎根(151)

地质矿产

北秦岭褶皱带的构造运动继承性

裴 放

(河南省地质科学研究所,河南 郑州 450001)

摘 要:北秦岭褶皱带属华北板块南部大陆边缘,北界为栾川-云阳韧性剪切带,南界为商南-镇平韧性剪切带,其间瓦穴子-小罗沟韧性剪切带和朱阳关-夏馆韧性剪切带又将褶皱带分为汤河-南召变形带、二郎坪-板山坪变形带和界牌-郭庄变形带。北秦岭褶皱带经历了5次构造运动,晋宁运动使宽坪群、秦岭群、峡河群形成向斜或复向斜,加里东运动使二郎坪群形成复向斜,海西运动使柿树园组形成复向斜,印支运动使三叠系形成复向斜,燕山运动使侏罗系—白垩系形成复向斜,因而表现出明显的构造运动继承性,组成独特的构造群落。

关键词:北秦岭褶皱带;构造运动继承性;构造变形带;韧性剪切带

0 引言

秦岭褶皱带是我国华北板块与扬子板块的结合带,北秦岭褶皱带是华北板块的南部大陆边缘(程裕淇,1994),关于它形成及演化的研究成果甚多(许志琴等,1988;张国伟等,1988;张二朋等,1993;刘国惠等,1993)。笔者通过对南阳盆地以西北秦岭褶皱带的构造变形进行分析与对比,发现构造运动继承性表现比较明显,反映在地质演化历程中为该地区长期处于相似的构造背景,自晋宁期至燕山期各阶段经历了相似的构造应力作用,形成了相似的构造形态。

1 北秦岭褶皱带构造特征

北秦岭褶皱带北部边界为栾川-云阳韧性剪切带,南部边界为商南-镇平韧性剪切带(图1)。该褶皱带由4条韧性剪切带夹3个构造变形带组成,各构造变形带和韧性剪切带都经历了长期构造变形,现分述之。

1.1 构造变形带

1.1.1 汤河-南召变形带

该变形带界于栾川-云阳韧性剪切带和瓦穴子-小罗沟韧性剪切带之间。带内发育中元古界宽坪群和不整合于其上的上三叠统及侏罗系—白垩系。宽坪群为陆缘裂谷环境形成的拉斑玄武岩-复理石杂砂岩-碳酸盐岩组合,K-Ar法年龄1393~1250Ma,Rb-Sr法年龄1704~1180Ma、U-Pb法年龄1188~1005Ma,Sm-Nd法年龄1000Ma(张寿广等,1991;张宗清等,1994)。上三叠统分为太山庙组和太子山组,

---

作者简介:裴放(1944—),男,1968年毕业于北京地质学院地层古生物专业,教授级高级工程师,学士,主要从事区域地质调查和地层古生物学研究工作。E-mail:915410661@qq.com。

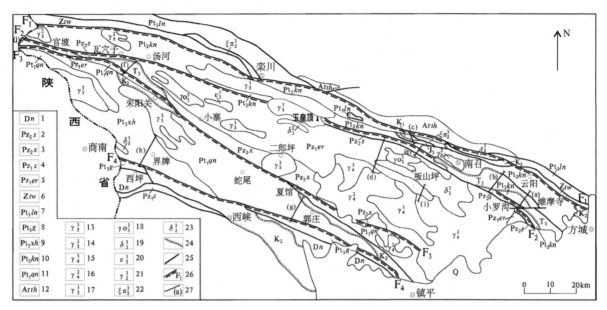

1-南湾组;2-柿树园组;3-小寨组;4-周进沟组;5-二郎坪群;6-陶湾群;7-栾川群;8-龟山组;9-峡河群;10-宽坪群;11-秦岭群;12-太华群;13-燕山晚期花岗岩;14-燕山早期花岗岩;15-海西晚期花岗岩;16-海西中期花岗岩;17-加里东晚期花岗岩;18-加里东晚期斜长花岗岩;19-加里东晚期闪长岩;20-加里东晚期辉长岩;21-晋宁期花岗岩;22-晋宁期石英正长岩;23-晋宁期闪长岩;24-不整合界面;25-断层;26-韧性剪切带及其编号;27-图2中剖面位置及编号。

图 1　北秦岭褶皱带地质构造略图

岩性为砂岩、页岩夹煤层,厚 1815m,产植物化石 Daeniopsis fecunda,Neocalamites carrerei。上侏罗统南召组岩性为泥岩、粉砂岩夹砂岩,厚 285.3m,产昆虫化石 Ephemeropsis trisetalis。下白垩统马市坪组岩性为长石石英砂岩夹粉砂岩、泥岩,厚 731.2m,产双壳类化石 Sphaerium anderssoni(曹美珍等,1986),介形类化石 Cypridae mashipingensis,轮藻化石 Mesochara septata。上白垩统岩性为复成分砾岩,含砾砂岩及钙质泥岩,厚 469.5m。

该变形带可确定 5 期变形。第一期为宽坪群北西向褶皱,以复向斜为主[图 2(a)],为深层次固态流变构造群落(林德超等,1990),其中绿片岩 Sm-Nd 年龄 986Ma。刘敦一等(1988)测得绢云石英片岩锆石 U-Pb 年龄 807Ma,应是该期变形的反映,时代为晋宁期。第二期变形为对晋宁期褶皱同向叠加。刘敦一等(1988)在板桥韩村变粒岩中获单颗粒锆石 U-Pb 年龄 416Ma、426Ma,为该次热事件的反映,时代为加里东期。第三期变形宽坪群构造形迹为南北向短轴褶皱叠加在前期褶皱之上。许志琴等(1988)在陕西洛南谢湾小店片麻岩中测得二云母 ^{39}Ar-^{40}Ar 年龄 327Ma、348Ma,是该期变形的结果,时代为海西期。第四期变形为上三叠统形成复向斜[图 2(b)],时代为印支期。第五期变形为上侏罗统—下白垩统形成复向斜[图 2(c)],宽坪群形成宽缓褶皱叠加于北西向褶皱之上,时代为燕山早期。

1.1.2　二郎坪-板山坪变形带

该变形带介于瓦穴子-小罗沟韧性剪切带与朱阳关-夏馆韧性剪切带之间。变形带内发育下古生界二郎坪群、上古生界小寨组和柿树园组、上三叠统。二郎坪群自下而上可分为火神庙组、大庙组和干江河组。火神庙组和大庙组为弧后盆地环境形成的细碧角斑岩系(刘国惠等,1993),其硅质岩夹层中产放射虫化石 Distospicula cf. vigosum,Polycorpus erlangpingensis(Wang,1989),牙形石化石 Acodus oneotensis(王学仁等,1994),放射虫化石 Entactina complanata(张思纯和唐尚文,1983),时代为寒武纪—奥陶纪。干江河组岩性为浅海相大理岩,其中产腹足类化石 Lophospira,Liospira,头足类化石 Actinoceras,时代为奥陶纪(李采一等,1990)。小寨组岩性为石榴二云石英片岩夹斜长角闪片岩,红柱

---

① 河南省地质局区域地质调查队,1977,1∶5 万云阳幅、四里店幅区调报告。
② 河南省地质局区域地质调查队,1986,1∶5 万乔端幅、板山坪幅区调报告。

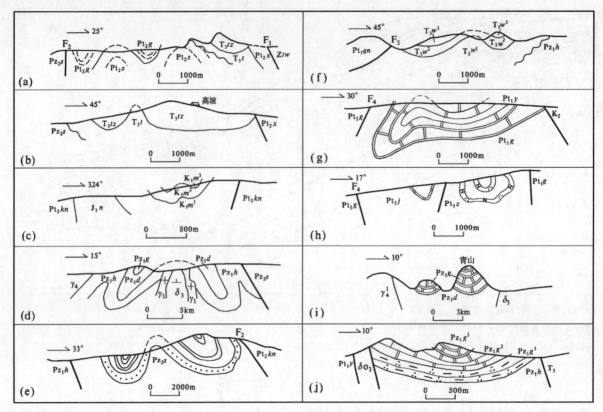

Pt_2g-广东坪组;Pt_2s-四岔口组;Pt_2x-谢湾组;Pz_2s-柿树园组;Ztw-陶湾群;Pt_2kn-宽坪群;Pt_1qn-秦岭群;Pt_3g-龟山组;T_3t-太山庙组;T_3tz-太子山组;J_3n-南召组;K_1m-马市坪组;Pz_1h-火神庙组;Pz_1d-大庙组;Pz_1g-干江河组;T_3w-五里川组;Pt_1g-郭庄组;Pt_1y-雁岭沟组;Pt_3z-寨根组;Pt_3j-界牌组。

图 2　北秦岭褶皱带各地层单元变形

(剖面位置及地层单位代号见图 1)

(a)南召县小罗沟—九里山宽坪群;(b)南召县留山盆地上三叠统;(c)南召县马市坪盆地侏罗—白垩系;(d)南召县二郎坪群构造示意图(王铭生,1992);(e)南召县柿树园组;(f)卢氏县五里川盆地上三叠统;(g)内乡县前河—喻庄秦岭群;(h)西峡县界牌峡河群;(i)南召县青山二郎坪群干江河组;(j)陕西省洛南县月牙沟二郎坪群干江河组

石黑云片岩全岩 Rb-Sr 年龄 344Ma。柿树园组岩性为变砂岩、二云石英片岩夹大理岩,大理岩透镜体中产孢子化石 *Calamospora* cf. *microrugosa*,*C. atava*,*Dictyotriletes minor*,*Punctatisporites minutus* 等(裴放,1995),时代为泥盆纪—石炭纪。上三叠统在卢氏大河面称粉笔沟组,角度不整合于干江河组之上,黑云变粒岩中黑云母 K-Ar 年龄 380.9～343Ma[1]。卢氏五里川盆地上三叠统不整合于二郎坪群、柿树园组之上,岩性为砂岩、页岩,产植物化石 *Neocalamites* 等。

该变形带可确定 3 期变形。第一期为二郎坪群形成复向斜[王铭生,1992;图 2(d)],时代为加里东期。第二期为柿树园组构造形变,前人依据变余层理判定为单斜,或南下北上[2],或北下南上[3]。王建平等(2000)对前人资料进行分析,认为很可能为复向斜。南召马市坪三惊垭—柳树店柿树园组剖面南部有数层灰岩,产晚古生代孢子化石,北部有 11 层灰岩,层位相当。学院村—二道沟剖面柿树园组变长石石英砂岩为标志层,应为同一层位。经分析对比为复向斜[2][图 2(e)],形成时代为海西期。第三期为五里川盆地上三叠统形成复向斜[4][图 2(f)],时代为印支期。

---

[1] 河南省地质局第一地质调查队,1989,1∶5 万官坡幅、龙驹街幅区调报告。
[2] 河南省地质局区域地质调查队,1986,1∶5 万乔端幅、板山坪幅区调报告。
[3] 河南省地质局区域地质调查队,1989,1∶5 万下罗坪幅、南召幅区调报告。
[4] 河南省地质局区域地质调查队,1995,1∶5 万横涧幅、朱阳关幅区调报告。

1.1.3 界牌-郭庄变形带

该变形带介于朱阳关-夏馆韧性剪切带与商南-镇平韧性剪切带之间。带内发育古元古界秦岭群、新元古界峡河群、白垩系。秦岭群岩性为陆缘盆地沉积的碎屑岩夹火山岩、碳酸盐岩,U-Pb年龄2004～1800Ma(游振东等,1991)。峡河群岩性为活动陆缘盆地生成的碎屑岩、碳酸盐岩夹火山岩,Rb-Sr法年龄973Ma(陈瑞保和张延安,1993)。朱阳关、夏馆盆地分布河湖相白垩系细碎屑岩,产恐龙蛋化石 *Faveotoolithus*,*Youngoolithus* 等(王德有等,2000)。

该变形带可确定4期变形。中条期褶皱形态已不能恢复,仅从秦岭群片理化地层中不连续褶皱、钩状褶皱推测还有一期变形。第一期变形表现为秦岭群形成复向斜①[图2(g)],峡河群形成复向斜构造②[图2(h)],时代为晋宁期。第二期表现为第一期褶皱向北倒转②,时代为加里东期。第三期变形轻微,仅有宽缓褶皱,时代为海西期(游振东等,1991)。第四期褶皱为南北向,并形成飞来峰,时代为印支期(刘敦一等,1988)。

1.2 韧性剪切带

1.2.1 栾川-云阳韧性剪切带(F_1)

该剪切带为北秦岭褶皱带与华北陆块接触边界。北侧发育华北陆块南缘的新元古界栾川群、陶湾群,南侧为北秦岭褶皱带的中元古界宽坪群。剪切带走向北西西,倾向南西,宽度200～5000m,发育100～2000m的动力变质带,中部为糜棱岩带,其中发育拉伸线理及S—C组构、σ型旋转碎斑等微观构造(张寿广等,1991),两侧叠加有晚期碎裂构造带。

该剪切带的形成可追溯到中元古代初期。华北陆块南部出现三岔裂谷系,其南侧一支将华北陆块的太古宇太华群及古元古界秦岭群裂开,形成宽坪裂谷,生成宽坪群(孙枢等,1981)。目前所见宽坪群北侧陆块南缘的栾川群和陶湾群为中—新元古代弧前盆地所生成(胡受奚和林潜龙,1988)。栾川群和陶湾群主构造线方向为北西向,与宽坪群主构造线方向一致。从宽坪群在晋宁期形成北西向向斜可确定该时期曾经发生南北向挤压,运动方向为由北向南,宽坪裂谷闭合,并拼贴到华北陆块之上(林德超等,1990),形成糜棱岩带。宽坪群加里东期褶皱为对晋宁期北西向褶皱同向叠加,可确定加里东期该剪切带同样受到南北向挤压,北侧形成飞来峰,运动方向为由南向北。海西期宽坪群构造形迹为南北向,反映剪切带运动方向为南西向,与前两次活动方向有较大夹角。自南召云阳向东该剪切带南北两侧地层走向向南弯曲30°,李四光(1949)认为这是"被属于另外一个体系的弧形构造推移,显得向南弯曲",运动方向为北东南西向。上三叠统复向斜构造的形成也与该剪切带活动有关,反映在印支期剪切带经受近北东南西向挤压,剪切带北侧发育大型向南西推覆构造,栾川群和陶湾群推覆到宽坪群之上,形成多处飞来峰③,地层走向继续向南偏转,运动性质为左行走滑。该期活动一直持续到燕山早期,使剪切带南侧的上侏罗统—下白垩统同样形成复向斜构造。燕山晚期该剪切带构造变形性质发生变化,S—C组构指示浅层次向北逆冲,剪切带北侧栾川群、陶湾群褶皱发生向北倒转(裴放,1995)。

1.2.2 瓦穴子-小罗沟剪切带(F_2)

该剪切带为宽坪群与二郎坪群或柿树园组边界,走向290°～300°,倾向南西,倾角60°,发育数十米到数百米的糜棱岩带,两侧叠加晚期碎裂带。

该剪切带在宽坪群裂谷闭合后成为其南界断裂。在早古生代早期华北陆块南缘成为活动大陆边缘,沿该断裂发生弧后扩张,生成二郎坪弧后盆地(刘惠等,1993)。由二郎坪群的复向斜构造可知该剪切带在加里东期受南北向挤压,二郎坪海槽闭合,形成糜棱岩带。剪切带南侧柿树园组形成向斜,北

---

① 河南省地质局第四地质调查队,1990,1:5万赤眉幅、马山口幅区调报告。
② 河南省地质局区域地质调查队,1996,1:5万寨根等四幅区调报告。
③ 河南省地质局区域地质调查队,1977,1:5万云阳幅、四里店幅区调报告。

侧宽坪群向南推覆到柿树园组和二郎坪群之上,可以确定在海西期该剪切带发生由北向南逆冲。剪切带北侧三叠系复向斜的形成,局部可见宽坪群推覆到三叠系之上,表明印支期发生由北东向南西推覆,与栾川-云阳韧性剪切带活动为同步,性质为左行走滑(裴放,1995)。剪切带糜棱岩带外侧碎裂岩系发育,可以确定燕山晚期浅层次活动。

1.2.3　朱阳关-夏馆韧性剪切带(F_3)

该剪切带是二郎坪群或小寨组与秦岭群或峡河群界线,走向300°～310°,倾向南西,倾角60°～80°,宽200～2000m,南部叠加有脆性碎裂带。韧性带位于北部,其中发育诸多微观构造,如S—C组构、旋转碎斑、拉伸线理①。

该剪切带与瓦穴子-小罗沟韧性剪切带最早应为同一条断裂,在早古生代初二郎坪弧后盆地扩张时成为南界断裂。其北侧二郎坪群复向斜的形成表明加里东期该剪切带与瓦穴子-小罗沟韧性剪切带同时发生南北向挤压,导致二郎坪海槽闭合。剪切带西段柿树园组(粉笔沟组)向斜构造可以认为是海西期由北向南逆冲的结果,与瓦穴子-小罗沟韧性剪切带为同步。剪切带西段北侧三叠系复向斜证明印支期活动与北部两条剪切带活动性质相同,为左行走滑。该剪切带东段、西段南侧形成白垩纪断陷盆地沉积,可以认为其在燕山晚期又出现浅层次活动。

1.2.4　商南-镇平韧性剪切带(F_4)

该剪切带是北秦岭褶皱带峡河群或秦岭群与南秦岭褶皱带龟山组或白垩系边界,也是华北板块与扬子板块对接边界。该剪切带发育几百米至几千米的动力变质带,其内和南侧叠加晚期破碎带。糜棱岩内发育拉伸线理、旋转碎斑、S—C组构、压力影等微观构造②③。

该剪切带的形成时代已很难确定,早期活动也很难追溯,推测为中元古代初。从剪切带北侧秦岭群、峡河群复向斜构造可推测在晋宁期发生南北向挤压,方向是由北向南逆冲(刘敦一等,1988),华北板块与扬子板块碰撞造山(林德超和裴放,1998;裴放,1997),生成高压榴辉岩变质带(胡能高等,1995)。该剪切带在加里东期和海西期皆有活动,刘国惠等(1993)认为加里东期南北向挤压,但未形成造山,海西期发生向北逆冲。印支期活动是一次大规模活动,它导致华北板块与扬子板块最终拼合,形成统一的中国板块,其性质为左行走滑。该剪切带南侧走滑拉分盆地形成白垩纪沉积并具有宽缓向斜,表明走滑持续到燕山早期,而燕山晚期则发生向北逆冲(张国伟等,1988)。

2　构造运动的表现形式

根据地质演化的阶段划分,该褶皱带变形比较明显的共有5期,每期所形成的第一期变形具有明显的相似性。

2.1　晋宁运动

该期运动影响汤河-南召变形带宽坪群与界牌-郭庄变形带秦岭群、峡河群。宽坪群第一期变形表现为复向斜[图2(a)]。秦岭群在中条运动中片理化,第一期变形发生在晋宁期,形成复向斜[图2(g)],目前所见平卧褶皱是后期叠加的。峡河群寨根组与界牌组二组之间为断层,每个组都形成向斜构造[图2(h)]。

2.2　加里东运动

该期运动影响的是二郎坪-板山坪变形带二郎坪群,第一期变形形成复向斜[图2(d)]。上部干江

---

① 河南省地质局第四地质调查队,1989,1∶5万小水幅、夏馆幅区调报告。
② 河南省地质局第四地质调查队,1990,1∶5万赤眉幅、马山口幅区调报告。
③ 河南省地质局区域地质调查队,1996,1∶5万寨根等四幅区调报告。

河组处于槽部,在南召青山[图 2(i)]与陕西洛南月牙沟[图 2(j)]其构造形态惊人的相似。

2.3 海西运动

该期运动影响的是二郎坪-板山坪变形带柿树园组,第一期变形表现为复向斜[图 2(e)]。

2.4 印支运动

该期运动影响的是上三叠统。第一期变形在汤河-南召变形带南召留山盆地表现为复向斜,向斜槽部位于山脊[图 2(b)];在二郎坪-板山坪变形带卢氏五里川盆地五里川组表现为宽缓复向斜,槽部位于山脊[图 2(f)],与留山盆地十分相似。

2.5 燕山运动

该期运动早期影响的是上侏罗统—下白垩统,第一期变形在汤河-南召变形带马市坪盆地形成复向斜[图 2(c)];晚期影响的是上白垩统,在商南-镇平韧性剪切带南侧形成向斜[1]。

3 构造运动的继承性及其特点

由上述可知,从晋宁期至燕山期,北秦岭褶皱带每期构造变形都与其前期构造变形相似,都形成向斜,因而属于构造运动继承性。这一构造运动继承性比较典型,在国内实属罕见。

上述各期构造运动所形成的第一期构造变形有如下特点:①各期运动引起变形均为向斜或复向斜,加里东期之后向斜槽部处于山脊者居多;②同一构造运动影响的变形十分相似,同变形带内地层露头虽然不相连也完全一致,如二郎坪-板山坪变形带南召青山与卢氏云架山二郎坪群干江河组;③不同变形带同期构造变形也相似,如汤河-南召变形带南召留山盆地和二郎坪-板山坪变形带卢氏五里川盆地的上三叠统。

4 构造运动继承性的成因

北秦岭构造运动继承性的成因涉及板块构造及秦岭"开""合"等许多重大问题,研究成果甚多。目前对板块何时形成及何时发生碰撞的认识有中—新元古代(王鸿祯等,1985)、太古宙(张国伟等,1996),对华北板块和扬子板块的认识也有一元说(耿树芳和严克明,1991)、二分说(程裕淇,1994;王鸿祯等,1985)和三分说(张国伟等,1988)。对北秦岭褶皱带的褶皱时代也有古生代(Mattauer et al.,1985)和晚古生代(裴放,1995)的观点。对秦岭"开""合"的认识也存在分歧,多数学者认为存在两次开合,即中—新元古代和早古生代(杨巍然等,1984),也有学者认为印支期也有一次开合(冯庆来等,1994)。上述开合的"开"即形成洋壳,"合"即碰撞造山。姜春发等(2000)认为陆相盆地也有开合问题。王建平等(2002)认为有 5 次开合。

上述 5 次构造运动形成向斜,表明是在南北向挤压机制下形成的。北秦岭构造运动继承性是该地区长期处于南北向拉伸—挤压周期性变化的背景下形成的。中元古代早期宽坪陆缘裂谷盆地和早古生代二郎坪弧后盆地都是南北向拉伸("开")形成的,拉伸宽窄深浅不一,造成沉积盆地大小不一,沉积时间长短不一,地层厚度不一。而晋宁运动和加里东运动又发生南北向挤压("合"),盆地封闭,形成向斜。挤压强度不一,造成向斜规模不一。海西运动南北向挤压使晚古生代南北向拉伸形成的海相复理石沉积形成向斜。后两期变形是陆内挤压形成,将南北向拉伸生成的断陷盆地沉积变成向斜。

---

[1] 河南省地质局区域地质调查队,1996,1∶5 万寨根等四幅区调报告。

主要参考文献

曹美珍,林启彬,陈金华,等,1986.河南南召发现"热河动物群"[J].古生物学报,25(2):211-214.

陈瑞保,张延安,1993.豫西峡河岩群层序及变形特征[J].河南地质,11(2):104-111.

程裕淇,1994.中国区域地质概论[M].北京:地质出版社.

冯庆来,杜远生,张宗恒,1994.河南桐柏地区三叠纪早期放射虫动物群及其地层意义[J].地球科学,19(6):787-794.

耿树芳,严克明,1991.论扬子地台与华北地台属同一岩石圈板块[J].中国区域地质(2):97-113.

胡能高,王涛,杨家喜,等,1995.秦岭造山带内高压榴辉岩变质带与元古宙碰撞作用[J].中国区域地质(2):142-148.

胡受奚,林潜龙,1988.华北与华南古板块拼合带地质和成矿[M].南京:南京大学出版社.

姜春发,王宗起,李锦铁,等,2000.中央造山带开合构造[M].北京:地质出版社.

李采一,马国建,陈瑞保,等,1990.对河南二郎坪群层序及时代的新认识[J].中国区域地质(2):181-185.

林德超,裴放,1998.河南省区域地质概况[J].地质通报,17(4):337-346.

林德超,王世炎,杜建山,等,1990.河南省宽坪群及其边界特征[M]//刘国惠,张寿广.秦岭—大巴山地质论文集(一):变质地质.北京:科学技术出版社:40-46.

刘国惠,张寿广,游振东,等,1993.秦岭造山带主要变质岩群及变质演化[M].北京:地质出版社.

裴放,1995.河南南召地区韧性剪切带和构造变形相[J].中国区域地质(4):323-333.

裴放,1997.秦岭-大别山造山带[M]//陈晋镳,武铁山.华北区区域地层.武汉:中国地质大学出版社.

裴放,张元国,刘长乐,1995.河南北秦岭晚古生代孢子化石的发现及其地质意义[J].中国区域地质(2):112-117.

孙枢,从柏林,李继亮,1981.豫陕中—晚元古代沉积盆地(一)[J].地质科学(4):314-322.

王德有,何萍,张克伟,2000.河南省恐龙蛋化石研究[J].河南地质,18(1):15-31.

王建平,裴放,林德超,2000.南阳市古生物资源的研究开发与保护[J].河南地质,18(4):302-313.

王铭生,1992.关于北秦岭古生代断陷带的地层层序及构造演化讨论[M]//符光宏.河南省秦岭-大别造山带地质构造与成矿规律.郑州:河南科学技术出版社:245-256.

王学仁,华洪,孙勇,1994.河南西峡湾渭山区二郎坪群微体化石[J].西北大学学报(自然科学版),25(4):353-358.

许志琴,卢一伦,汤耀庆,等,1988.秦岭复合山链的形成、变形演化及板块动力学[M].北京:中国环境科学出版社.

杨巍然,郭铁鹰,路元良,等,1984.中国构造演化中的"开"与"合"[J].地球科学(3):39-56.

游振东,索书田,韩郁菁,等,1991.造山带核部杂岩变质过程与构造解析[M].武汉:中国地质大学出版社.

张二朋,牛通韫,霍有光,等,1993.秦巴及邻区地质-构造特征概论[M].北京:地质出版社.

张国伟,梅志超,周鼎武,等,1988.秦岭造山带的形成与演化[M].西安:西北大学出版社.

张国伟,孟庆仁,于在平,等,1996.秦岭造山带的造山过程及其动力学特征[J].中国科学(地球科学),26(3):193-200.

张寿广,万渝生,刘国恋,等,1991.北秦岭宽坪群变质地质[M].北京:北京科学技术出版社.

张思纯,唐尚文,1983.北秦岭早古生代放射虫硅质岩的发现与板块构造[J].陕西地质(2):1-9.

张宗清,刘敦一,付国民,1994.北秦岭变质地层同位素年代研究[M].北京:地质出版社.

WANG N W,1989. Micropalaeontological study of lower paleozoic siliceous sequences of the Yangtze platform and Eastem Qinling Range[J]. Southeast Asian Earth Sicience,3(1-4):141-161.

豫西蔡家伟晶岩含锂矿物特征及选矿工艺研究

唐汪忠

(河南省地质矿产勘查开发局第四地质勘查院,河南 郑州 450000)

摘　要:以蔡家锂矿为例,通过分析含锂伟晶岩矿脉产出特征、矿石成分及矿物学特征等,研究锂矿选矿工艺及共伴生矿产资源综合利用情况。矿石有用组分以含锂矿物为主,其次为铌钽矿、细晶石、白云母、钾长石、绿柱石等。选矿试验过程中,通过不同磨矿细度下矿物解离度试验,分析了影响矿石中锂及其他有用元素铷、铯、钽、铌回收的矿物学因素,制定了针对蔡家锂矿先选钽铌矿物,再选锂辉石,最后综合回收云母、长石的选矿流程,具有推广意义。

关键词:伟晶岩;稀有金属;矿物特征;选矿工艺;蔡家锂矿

0 引言

东秦岭地区发现数千条花岗伟晶岩脉,其中含稀有多金属伟晶岩脉在豫西卢氏县官坡一带广泛分布、密集发育,成为我国重要的稀有多金属矿集区(卢欣祥等,2010)。官坡一带伟晶岩型稀有多金属矿产资源规模大,但由于选矿工艺、技术水平和产品质量等因素,稀有金属资源一直得不到有效开发利用。笔者结合含锂矿物特征分析,主要针对锂选矿工艺进行研究,同时对共(伴)生矿产资源合理开发综合利用进行研究,具有一定的推广实用价值。

1 矿床特征

官坡一带地处华北地台南缘,大地构造位于秦岭褶皱系,北秦岭褶皱带,寨根-彭家寨褶皱束[图1(b)]。花岗伟晶岩脉围绕灰池子岩体分布,含稀有多金属脉主要为白云母型和锂云母型[图1(a)](王令全等,2011;何玉良和黄岑杨,2012)。

野外工作发现,平面上,花岗伟晶岩脉总体与区域构造斜向相交或直交,一般沿两组共轭张扭性断裂侵入,或呈追踪状产出,与围岩界线清晰,往往沿张性断裂侵入的花岗伟晶岩脉含稀有元素种类多、含量高。以蔡家锂矿区为例,区内出露大小30余条含稀有多金属伟晶岩脉,一般呈密集产出,脉间距离5～25m(图2)。矿脉多为透镜状、脉状及不规则状,具分支复合、尖灭侧现、膨大狭缩等特征。矿脉长度一般200～950m,厚度0.81～19.24m不等,产状基本一致,倾向一般300°～350°,倾角一般48°～78°。

作者简介:唐汪忠(1974—),男,高级工程师,现主要从事地质矿产勘查与矿山地质研究工作。E-mail:418961648@qq.com。

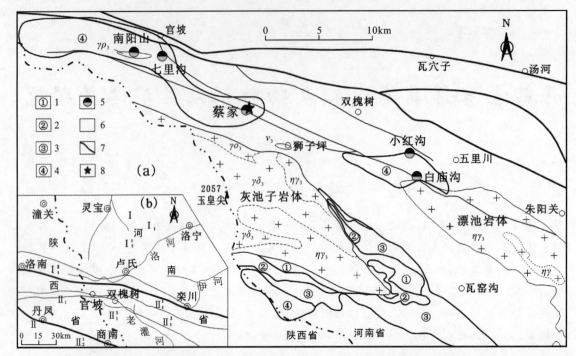

1-黑云母型花岗伟晶岩带；2-二云母型花岗伟晶岩带；3-白云母型花岗伟晶岩带；4-含稀有金属矿物型花岗伟晶岩带；5-稀有金属矿产地；6-岩体；7-断层；8-研究区位置。Ⅰ-华北地台；Ⅰ₁-豫西分区；Ⅰ₁¹-熊耳山小区；Ⅰ₁²-洛南栾川小区；Ⅱ-北秦岭分区；Ⅱ₁¹-北宽坪南召小区；Ⅱ₁²-云架山二郎坪小区；Ⅱ₁³-商南小区；Ⅱ₁²-南秦岭分区。

图1 官坡一带花岗伟晶岩及稀有金属矿产分布图

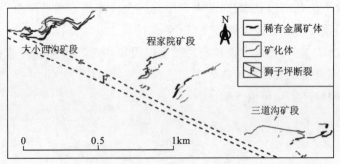

图2 蔡家锂矿区矿脉分布示意图

2 锂矿石的矿物学特征

2.1 矿物成分

矿石矿物(以锂为主)主要为锂辉石、锂云母等,另有腐锂辉石(锂绿泥石)、磷铝锂石、锂电气石等；其次为锰铌矿、锰钽矿、铌钽铁矿、细晶石、锑钽矿、绿柱石等。脉石矿物主要为钠长石、石英等,其次为微斜长石、白云母,微量矿物有萤石、方解石、绿帘石、褐帘石、锆石、磷灰石等。

1. 主要含锂矿石矿物

锂辉石：多为灰白色,少量为粉红色或绿色。完整的晶面呈亚玻璃光泽,风化面呈土状光泽。透明—半透明。一般晶体粗大,自形—半自形板柱状,长1～3cm,少数可达8cm以上,柱面一般有纵纹；断面宽0.5～1.5cm,断口参差状,可见两组解理,近垂直(白峰等,2011)。常与脉石矿物微斜长石、钠长石、石英等构成长石石英锂辉石细脉,宽几厘米至二十几厘米,其中锂辉石一般定向排列,体积含量10%～30%,较均匀地嵌生于长石、石英中,含Li_2O 6.10%～6.62%,蚀变后的腐锂辉石含Li_2O 0.83%～1.62%。

锂云母：紫色—银白色，隐晶—微鳞片状、片状。常呈细鳞片状集合体，以脉状或团块状产出为主。脉状锂云母一般宽 0.3~10cm，长 0.2~1m，沿脉顺层产出；团块状锂云母则充填于微斜长石、钠长石和石英间隙。矿物含 Li_2O 2.9%~3.03%。

腐锂辉石：是锂辉石经蚀变形成的矿物集合体，以黏土矿物为主，残留锂辉石假象（白峰等，2010），主要成分是锂绿泥石，白色块状，土状光泽，硬度 2~2.5，密度 2.5g/cm³ 左右，分布于伟晶岩脉外侧，常沿固定的结构面破碎，石英细脉充填于裂隙间。

磷铝锂石：微黄色—灰白色，一般晶体呈短柱状，晶面粗糙，透明—半透明，与锂辉石、锂云母等伴生，内部常见磷灰石。

锂电气石：以粉红色为主，颜色不均匀，一般呈柱状，玻璃光泽，大小 0.2~0.5cm，少数 1cm 以上，发育完好晶形的较少（库建刚等，2014）。

2. 主要脉石矿物

钠长石：自形—半自形结构，以板柱状、粒状产出为主，多发育有聚片双晶。粒度总体较粗，大部分 0.3~2mm，少数达 1cm 以上，一般与石英、钾长石、白云母、锂辉石等嵌布共生。

石英：呈半自形—他形晶结构，一般与钠长石、锂辉石、钾长石、白云母等共生。石英颗粒较粗，多在 0.4mm 以上，集合体达 3~5mm。

2.2 矿石的化学组成

矿石的主要化学元素为 Si、Al、Ti、Fe、Ca、Mg、C、P、Mn、K、Na、Li、Rb、Cs、Be、Nb、Ta、B、Sn、S、Ba、Cr、Pb、Cu、Zr 等。据化学全分析资料，各种成分含量见表1。矿石中除主元素 Li 外，共（伴）生有价元素 Ta、Nb、Be、Rb、Cs 可综合回收利用。

表1 矿石化学全分析结果表

类别	锂辉石—钠长石型(%)	锂云母—钠长石型(%)	类别	锂辉石—钠长石型(%)	锂云母—钠长石型(%)
SiO_2	67.84	68.58	Li_2O	0.73	0.64
Al_2O_3	15.61	16.31	Rb_2O	0.156	0.18
TiO_3	0.102	0.075	Cs_2O	0.054	0.094
Fe_2O_3	0.36	0.26	BeO	0.046 9	0.052 7
FeO	0.91	0.62	Nb_2O_5	0.011	0.011 8
CaO	2.68	1.72	Ta_2O_5	0.011 4	0.028 3
MgO	0.66	0.36	B_2O_3	0.022 6	0.028 3
F^-	0.26	0.6	SnO_2	0.015	0.013 5
CO_2	1.4	0.8	SO_3	0.019 8	0.016 2
P_2O_5	0.47	0.85	BaO	0.000 5	0.000 42
MnO	0.075	0.067	Cr_2O_3	0.000 65	0.000 42
H_2O^+	1.09	1.213	PbO	0.007 73	0.008 92
H_2O^-	0.263	0.132	CuO	0.000 83	0.001 45
Na_2O	4.19	5.1	ZrO_2	0.003 2	0.003 2
K_2O	2.87	2.35			

2.3 矿石的 X-射线衍射分析

稀有多金属矿石 X-射线衍射分析见图3。由图可知，主要矿物为白云母、钠长石、钾长石、石英、锂辉石等。

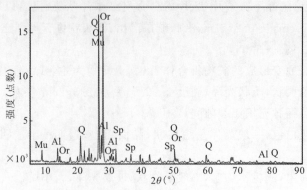

Mu-白云母;Al-钠长石;Or-钾长石;Q-石英;Sp-锂辉石。

图3 矿石的X射线分析结果

2.4 主要矿物的嵌布粒度

矿石中的锂辉石、锂云母粒度比较粗,使用透射偏光显微镜统计结果见表2。钽铌矿物采用人工预富集进行粒度统计,结果见表3。

根据粒度统计结果表,锂辉石嵌布粒度较粗,粒径大于0.074mm的占93.72%,粒径小于0.074mm的含量较少。锂云母的粒度相对较细,主要分布在0.043～0.417mm之间,粒径大于0.074mm的锂云母占83.04%。

由表3可知,铌钽铁矿粒级在0.010～0.074mm之间的占77.92%,粒径大于0.074mm的部分占21.35%,由于是在重砂样中统计铌钽铁矿的粒度,部分矿物已经单体解离,尤其是粒径小于0.043mm的铌钽铁矿大部分为单体。

表2 锂辉石、锂云母的粒度情况表

粒级(mm)	锂辉石		锂云母	
	占有率(%)	累计(%)	占有率(%)	累计(%)
>2	1.88	1.88	—	—
2～1.651	7.06	8.94	2.59	2.59
1.651～1.168	7.62	16.56	4.00	6.59
1.168～0.833	12.37	28.93	4.26	10.85
0.833～0.589	11.53	40.46	7.06	17.91
0.589～0.417	10.10	50.56	7.85	25.76
0.417～0.295	13.75	64.31	12.63	38.39
0.295～0.208	8.74	73.05	9.63	48.02
0.208～0.147	8.36	81.41	10.32	58.33
0.147～0.104	7.08	88.49	14.60	72.94
0.104～0.074	**5.23**	**93.72**	**10.10**	**83.04**
0.074～0.043	4.38	98.10	11.20	94.24
0.043～0.020	1.34	99.44	3.93	98.17
0.020～0.010	0.51	99.95	1.51	99.68
<0.010	0.05	100	0.32	100

表3 铌钽铁矿的嵌布粒度情况表

粒级（mm）	铌钽铁矿	
	占有率（%）	累计（%）
＞0.295	0.88	0.88
0.295～0.208	3.40	4.28
0.208～0.147	4.59	8.87
0.147～0.104	4.23	13.10
0.104～0.074	**8.25**	**21.35**
0.074～0.043	27.03	48.38
0.043～0.020	27.77	76.15
0.020～0.010	14.87	91.02
＜0.01	8.98	100

2.5 矿石中锂、铯、钽、铌的赋存特征

锂在矿物中的赋存情况见表4，由表可知矿石中81.47%的锂赋存在锂辉石中，其次为锂云母，占14.11%，另有少量赋存在磷铝锂石中。

表4 锂在不同矿物中的含量表

矿物名称	矿物量（%）	Li_2O含量（%）	Li_2O金属量（%）	占有率（%）
锂辉石	12.77	6.06	0.758	81.47
锂云母	7.39	1.82	0.131	14.11
磷铝锂石	0.42	10.08	0.041	4.42

由于铷和铯是分散元素，它们在矿物中的赋存情况见表5。根据单矿物的分析结果，铷和铯主要存在于钾长石和白云母中。铯榴石、锂辉石等矿物中也含铯。钽、铌主要以独立矿物分布在铌钽矿中。

表5 铷、铯在不同矿物中的含量表

矿物名称	元素氧化物	矿物量（%）	元素氧化物含量（%）	金属量（%）	占有率（%）
钾长石	Rb_2O	15.3	0.91	0.139	58.02
	CS_2O		0.115	0.018	34.50
白云母	Rb_2O	7.49	1.261	0.094	39.35
	CS_2O		0.265	0.02	38.92
其他矿物	Rb_2O	77.21	—	0.006	2.63
	CS_2O		—	0.013	26.58

3 选矿工艺讨论

蔡家锂矿区矿石样品有价元素为锂，Li_2O品位0.93%。此外还含有钽、铌、铷、铯等共（伴）生有益元素，Ta_2O_5品位0.0099%、Nb_2O_5品位0.0101%、Rb_2O品位0.24%、Cs_2O品位0.051%，达到了稀有金属类矿床共（伴）生矿产综合评价指标要求。

3.1 锂辉石、锂云母的晶体结构及可浮性分析

锂辉石,单斜晶系,由锂铝硅酸盐组成单链结构,化学式为 $LiAl[Si_2O_6]$,Li_2O 含量理论值为 8.04%。$[SiO_4]$ 四面体联结成无限延伸的二元单链晶体结构,单链之间借助 Li^+ 和 Al^{3+} 面联结起来。根据张忠汉(1982)、孙传尧和印万忠(1998)以及印万忠(1999)等的研究成果,Li^+ 位于 $[Si_2O_6]$ 链的非活泼氧离子一侧,联系力较弱,Li—O 键的键强远小于 Al—O 键和 Si—O 键的键强,因此 Li—O 键易断裂,沿 Li—O 键断裂的方向产生破裂面(解理面),主要发育 {210} 和 {110} 两组完全解理,夹角 87°和 93°。锂辉石结构中,Li—O 键断裂后,破裂面暴露大量的 Li^+ 和 O^{2-},而 Al—O 键和 Si—O 键断裂较少,破裂表面的 Al^{3+} 和 Si^{4+} 较少。水溶液中的 Li^+ 与 H^+ 发生交换,H^+ 被矿物破裂面氧区吸附,而 OH^- 被 Al^{3+}、Si^{4+} 吸附,因此锂辉石破裂表面就可键合大量的羟基,在阳离子捕收剂浮选体系中,锂辉石可浮性较好,但在阴离子捕收剂浮选体系中的可浮性差。

锂云母,单斜晶系,层状结构硅酸盐矿物,化学式为 $K\{Li_{2-x}Al_{1+x}[Al_{2x}Si_{4-2x}O_{10}](OH,F)_2\}$,式中 $x=0\sim0.5$,Li_2O 含量理论值为 7.7%~5.6%。锂云母的基本结构是由呈八面体配位的阳离子夹在两个相同的 $[(Si,Al)O_4]$ 四面体之间组成。八面体空隙中充满了 Li、Al 阳离子。锂云母结构中,Li—O 键和 K—O 键的键强远小于 Al—O 键和 Si—O 键。由于 Li 充填在八面体空隙中,K—O 键相对较易断裂,而 Li—O 键则难断裂,因此矿物解离时,K^+ 大量暴露,与液相中的 H^+ 进行交换,矿物表面氧区吸附大量 H^+,使矿物表面键合大量羟基(邓海波等,2012)。水溶液中锂云母断裂面具有极强的负电性,在阳离子捕收剂浮选体系中,锂云母可浮性好。

通过试验,锂辉石、锂云母等矿物在十二胺(阳离子捕收剂)浮选体系中可浮性良好。

3.2 主要矿物解离度分析

为了解不同磨矿细度产品中锂辉石、锂云母的单体解离度,借助扫描电镜,对样品中锂辉石、锂云母的单体解离度进行了统计,结果见表6和表7。

表6 不同磨矿细度下锂辉石的单体解离表

−0.074mm 占有率(%)	单体(%)	连生体(%)				
		钠长石	石英	白云母	微斜长石	其他
50	86.21	6.06	2.23	2.19	2.36	0.95
60	89.33	4.81	1.72	1.19	2.07	0.88
70	91.75	3.43	1.46	0.95	1.66	0.75
80	94.53	2.17	1.03	0.72	1.24	0.31

表7 不同磨矿细度下锂云母的单体解离表

−0.074mm 占有率(%)	单体(%)	连生体(%)				
		钠长石	石英	锂辉石	微斜长石	其他
50	82.16	4.53	2.43	4.58	5.25	1.05
60	85.68	3.74	1.32	3.74	4.9	0.62
70	88.27	3.5	1.12	2.54	3.96	0.61
80	91.23	2.74	0.91	2.01	2.56	0.55

根据表6、表7统计结果,磨矿细度在−0.074mm 占50%时,锂辉石单体解离度达86.21%,解离比较充分,锂云母单体解离度达82.16%。但该细度条件下,锂辉石单体的粒度相对较粗;当磨矿细度增

加,锂辉石、锂云母的单体解离程度都有小幅提升,磨矿细度在-0.074mm 占 70%时,二者的解离度分别达 91.75%和 88.27%,解离充分。考虑到锂辉石较脆,锂云母容易泥化,磨矿细度不能太细,否则容易造成锂辉石和锂云母的过磨,不利于浮选回收。

3.3 影响矿石中锂、铷、铯、钽、铌回收的矿物学因素分析

(1)影响锂回收的因素分析:锂元素主要以独立矿物的形式赋存在锂辉石中,占 81.47%,这部分锂可以通过选矿的方法进行回收。矿石中锂辉石 Li_2O 含量为 6.06%,比理论值(8.04%)低 2%左右,使得锂辉石精矿品位不会超过 6.06%。另外,锂云母中含有 14.11%的锂,且锂云母中锂含量较低,最高为 1.82%,因此很难获得符合产品质量标准的含锂云母精矿,会造成锂的损失。

(2)钽、铌的总体含量低,主要赋存在铌钽铁矿中,一部分粒度相对较粗(粒径大于 0.043mm 占 48.38%)的铌钽铁矿,可通过重选或磁选的方式进行回收,效果较好;粒径小于 0.043mm 的铌钽铁矿,特别是粒径大于 0.020mm 的铌钽铁矿占 27.77%,这部分通过重选和磁选都不易回收。另外,矿石中还有微量的磁铁矿、赤铁矿、褐铁矿、锡石、黄铁矿、磁黄铁矿等,这些矿物的密度相对较大,且部分具有磁性,因此在选择磁选或者重选时,都会对精矿品位产生一定的影响,需要采取手段对粗精矿做进一步分选。

(3)铷、铯是分散元素,主要存在于钾长石和白云母中。通过选别钾长石和白云母,富集铷、铯品位,可以回收铷、铯。

3.4 钽铌磁—重和全重选矿方案对比研究分析

按照能收早收、能抛早抛、细泥归队集中处理的原则,对钽铌回收磁—重和全重选矿流程方案进行对比,结果见图 4。

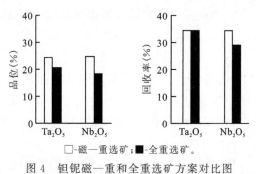

图 4 钽铌磁—重和全重选矿方案对比图

由图可知,钽铌回收全重选矿方案获得的钽铌精矿品位略低,总回收率指标相近,磁—重选矿方案较优。

3.5 锂及共(伴)生矿选矿工艺流程分析

工艺矿物学研究表明,蔡家锂矿矿石属于比较难选的稀有金属矿,矿石中主要有价元素为锂,共(伴)生钽、铌、铷、铯、铍等多种稀有元素。锂和钽铌都以独立矿物分布,可以单独选别锂精矿和钽铌精矿,而铷、铯主要在钾长石和白云母中分布,可以通过回收钾长石、白云母来富集铷、铯。

锂辉石是主要的回收对象,且粒度粗,性质较脆,需要选择合理的磨矿细度,否则容易造成掉槽或泥化。铌钽铁矿的含量低,粒度较细,磨矿中易碎,回收难度较大,在综合样中,经过重选淘洗发现较多细粒的单体铌钽铁矿。因此,建议选择 70%左右的磨矿细度,同时提升磨矿的均匀程度,以达到最佳选矿效果。

针对蔡家锂矿样品的矿石性质,制订了先选钽铌矿物,再选锂辉石,最后综合回收云母、长石的选矿流程(图 5)。

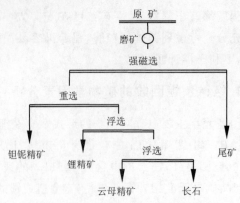

图 5　锂及共(伴)生矿选矿原则流程图

4　结论

(1)通过对蔡家锂矿区稀有多金属伟晶岩含锂矿物特征研究,发现卢氏县官坡一带锂辉石是主要含锂矿物,其次为锂云母,另有腐锂辉石(锂绿泥石)、磷铝锂石、锂电气石等,锂主要以独立矿物的形式存在。

(2)矿石中锂辉石、白云母、钠长石、石英、钾长石的嵌布关系相对简单,且嵌布粒度总体较粗,其中,锂辉石的粒度主要分布在 0.074mm 以上,细粒部分的含量较少;锂云母的粒度相对较细,主要分布在 0.043～0.417mm 之间。建议磁—重选矿回收铌钽;磨矿细度-0.074mm 占 70% 左右,在阳离子捕收剂浮选体系中回收锂。脱泥处理后回收钾长石和白云母,富集铷、铯。

(3)矿石中 Li_2O 平均品位 0.93%,属稀有多金属伟晶岩脉中较高品位矿石,Li 为主要回收对象,另外还共(伴)生 Ta、Nb、Rb、Cs,工业选矿需要考虑综合回收,提升矿床的经济价值。

主要参考文献

白峰,冯恒毅,邹思劼,等,2010.河南卢氏官坡伟晶岩中腐锂辉石的特征分析[J].中国非金属矿工业导刊(85):29-30.

白峰,冯恒毅,邹思劼,等,2011.河南卢氏官坡伟晶岩中锂辉石的矿物学特征研究[J].岩石矿物学杂志,30(2):281-285.

邓海波,张刚,任海洋,等,2012.季铵盐和十二胺对云母类矿物浮选行为和泡沫稳定性的影响[J].非金属矿,35(6):23-25.

何玉良,黄岑杨,2012.河南省卢氏地区伟晶岩型稀有金属矿成矿规律初步研究[J].科技资讯(28):77-78.

库建刚,刘羽,刘文元,等,2014.河南卢氏花岗伟晶岩的矿物学特征及综合利用[J].中国有色金属学报,24(2):491-498.

卢欣祥,祝朝辉,谷德敏,等,2010.东秦岭花岗伟晶岩的基本地质矿化特征[J].地质论评,56(1):21-30.

孙传尧,印万忠,1998.关于硅酸盐矿物的可浮性与其晶体结构及表面特性关系的研究[J].矿冶,7(3):25-26.

王令全,郭锐,王军强,等,2011.东秦岭稀有金属矿床成矿与分布特征:以河南省卢氏、南召两地区几个矿床为例[J].中国钼业,35(4):18-21.

印万忠,1999.硅酸盐矿物晶体化学特征与表面特性及可浮性关系的研究[D].沈阳:东北大学.

张忠汉,1982.关于绿柱石锂辉石浮选活化和抑制规律及其机理的研究[D].北京:北京有色金属研究总院.

河南省卢氏县桦树下矿区地球化学特征及找矿前景

禹明高[1,2]，董化祥[1,2]

(1.河南省有色金属地质矿产局第六地质大队,河南 郑州 450016；2.河南省第六地质大队有限公司,河南 郑州 450016)

摘 要：桦树下矿区位于华北陆块南缘与秦岭造山带结合部位,华熊地块成矿区卢氏-栾川成矿亚带夜长坪成矿段。通过对本区开展地质勘查工作,查明了矿区成矿地质背景、矿床成因、找矿标志及找矿前景等。通过对比分析矿区内土壤地球化学测量数据及地质现象、指示元素异常特征与分布,对该矿区进行异常评价解释。研究发现,矿区栾川群煤窑沟组是本区多金属矿产的主要赋矿地层,为该区提供了新的找矿方向,具有重要的研究价值；AP9土壤综合异常是该区重点找矿前景区。

关键字：地球化学特征；煤窑沟组；控矿构造；矿床成因；找矿前景

1 引言

河南省卢氏—栾川地区是重要的多金属成矿区(左娅等,2012),是我国重要金、银、铜、钼、钨、铅、锌等有色金属矿产地。卢栾地区具有复杂、长期的构造演化历史和变质变形特征(余良济等,1986),成矿条件良好,近年来在该地区不断取得新的找矿突破(付治国等,2007；马宏卫,2008；朱广彬等,2007)。上一轮矿产资源调查过程中,河南省地质调查院在对本区多金属调查评价中,把成矿"专属性"与"多样性"相结合进行研究(赵鹏大等,2002；赵鹏大等,2001),并作为关键的找矿突破口,相继发现了十几处多金属矿脉群和上百条含矿断裂带。这些矿床不但在成因系统、成矿时代上相互联系,而且有明显的构造控矿规律。前人研究表明(胡受奚和林潜龙,1998；关保德,1996；张本仁等,1987),栾川群是卢氏—栾川地区最重要的赋矿层位之一,蕴藏着本区最重要的钼、钨、铅、锌、银、铜等多金属矿产。

桦树下矿区位于河南省卢氏县城西约45km。地理坐标：东经110°44′01″—110°47′15″,北纬33°59′15″—34°01′15″。作者通过综合分析研究1∶10 000地质填图和1∶10 000土壤地球化学测量成果,以期对该区铜矿矿床成因及找矿前景提供指导。

2 区域地质背景

本区地处秦岭造山带与华北陆块南缘结合部位,华熊地块成矿区卢氏-栾川成矿亚带夜长坪成矿段(张倩倩和徐磊磊,2012；陈衍景和富士谷,1992；图1)。自太古宙—元古宙,本区历经多期次区域性构造地质作用,地幔内部物质上升,地壳变薄,岩石层位发生拆沉,形成剥离断层系统,岩浆通道打开,富含铜矿物的岩浆热液充斥断裂构造中,形成矿源岩(杨达等,2013)。

作者简介：禹明高(1988—),男,硕士研究生,地质工程师,从事矿产勘查和研究工作。E-mail：343714140@qq.com。
董化祥(1987—),男,本科,地质工程师,从事区域地质调查、矿产勘查工作。E-mail：donghuaxiang@foxmail.com。

区域构造活动强烈,近东西向断裂构造发育且规模较大(肖中军和孙卫志,2007),金、银、铜、铅锌多金属元素地球化学异常清晰,是东秦岭地区一个重要的多金属成矿单元(胡元第和郭抗衡,1981),找矿前景和成矿条件较好(吴敏娜等,2015)。

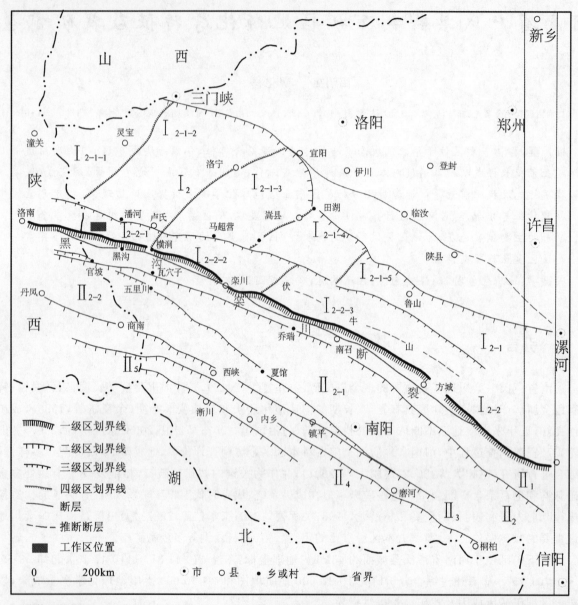

I_1-嵩箕地块成矿区;I_2-华熊地块成矿区;I_{2-1}-小秦岭-外方山成矿亚带;I_{2-1-1}-小秦岭成矿段;I_{2-1-2}-崤山成矿段;I_{2-1-3}-熊耳山成矿段;I_{2-1-4}-外方山成矿段;I_{2-1-5}-鲁山成矿段;I_{2-2}-卢氏-栾川成矿亚带;I_{2-2-1}-夜长坪成矿段;I_{2-2-2}-南泥湖成矿段;I_{2-2-3}-伏牛山成矿段;II_1-北秦岭中(晚)元古褶皱系成矿带;II_2-北秦岭加里东褶皱系成矿带;II_{2-1}-二郎坪-大河成矿带;II_{2-2}-龙泉坪-蛇尾成矿亚带;II_3-海西褶皱系成矿带;II_4-南秦岭加里东褶皱系成矿带;II_5-南秦岭(陡岭)中元古地体。

图1 矿区区域地质背景图

3 矿区地质

3.1 地层

矿区出露中元古界官道口群冯家湾组($Pt_2 f$)、新元古界栾川群煤窑沟组($Pt_3 m$)、下古生界陶湾岩群和新生界第四系(Q)。

1. 中元古界官道口群冯家湾组（Pt_2f）

出露岩性主要为细晶白云岩、白云石大理岩等。地层产状为 189°∠47°。

2. 新元古界栾川群煤窑沟组（Pt_3m）

新元古界栾川群煤窑沟组（Pt_3m）为一套碎屑岩-碳酸盐岩建造（马东峰等，2016），出露中段（Pt_3m^2）和上段（Pt_3m^3）。地层产状为（125°～180°）∠（30°～60°）。中段岩性主要为石英大理岩、方解石大理岩等，厚 479m。上段下部岩性为含碳质绢云石英片岩、千枚岩夹碳质片岩；上部岩性为白云石大理岩，局部石英岩层（陈卓等，2013），为矿区主要的含矿地层，厚 244.6m。与冯家湾组和三岔沟岩组均呈断层接触。

3. 下古生界陶湾岩群

出露地层：三岔口岩组（Pz_1s）、风脉庙岩组（Pz_1f）、秋木沟岩组上段（Pz_1q^2）。

（1）三岔口岩组（Pz_1s）出露上、下两段。下段（Pz_1sc^1）岩性以砾岩为主，厚 118m。上段（Pz_1sc^2）岩性以石英岩为主，地层厚 382m。地层产状为 196°∠64°。

（2）风脉庙岩组（Pz_1f）岩性主要为含磁铁绢云石英片岩。地层产状为（214°～220°）∠（77°～87°）。厚 159m。

（3）秋木沟岩组上段（Pz_1q^2），岩性主要为白云石大理岩。厚 0～120m。

4. 新生界第四系（Q）

新生界第四系（Q）为现代河流冲积物。

3.2 构造

断裂是矿区主要的控矿和含矿构造。矿区主要构造为石门-王河断裂带，断裂面以北倾为主，少数南倾，倾角 40°～60°，带宽 50～200m。断裂带经历了不同期次的构造叠加作用：早期为韧性剪切作用，带内可见构造片岩、糜棱岩等；晚期为脆性变形作用，带内岩层破碎严重，可见片理化岩石、构造角砾岩。断裂带两侧的岩石在岩性、构造、变形变质方面差异明显。

4 样品采集与测试

土壤测量参照相关地球化学普查规范执行。土壤地球化学测量测线方向垂直主构造线或地质体（矿化体）走向，测线方位 15°。比例尺 1:10 000，网度 100m×20m。采样深度 20～50cm，采样层位为 B 层残坡积细粒级物质。野外取样质量约为 500g。样品采用以等离子体质谱法为主，原子荧光法和光谱法等为配套方法的测试方案。分析 Au、Ag、Cu、Pb、Zn、As、Sb、W、Mo、Hg、Bi 共 11 种元素，并对分析质量进行检查，各元素的标准物质单次测定和重复分析合格率均为 100%。

5 地球化学异常特征

矿区 Pb、Cu 元素异常发育，其次为 Zn、Ag，其中 AP9 地球化学异常找矿成果较好。

AP9 综合异常位于矿区南部，为甲 1 级综合异常。异常评序值 3.293，评序 1。异常呈近东西向带状展布，以 Pb、Mo 为主，伴生 Ag、Zn、Cu 等。Pb 最高 $5483×10^{-6}$，平均 $483×10^{-6}$，衬度 6.44，面积 $0.171\ 3km^2$，规模 1.104；Mo 最高 $326.7×10^{-6}$，平均 $13.9×10^{-6}$，衬度 5.57，面积 $0.148\ 0km^2$，规模 0.824。Pb、Mo 元素异常规模大，强度高、浓集中心和浓度分带明显（图2），与 Ag、Zn、Cu 等元素异常吻合性好。其异常特征参数见表1。

异常区出露地层为煤窑沟组，岩性为白云石大理岩、碳质片岩、绢云石英片岩等。石门-王河断裂带通过异常区中部。异常内发育 S1、S2 铅、铜、银多金属矿化蚀变带。异常呈东西向展布，与 S1、S2 蚀变带走向基本一致。主要异常区位于 S1、S2 蚀变带东延方向，推测 S1、S2 蚀变带向东有延伸。Sb、As 元素异常指示蚀变带剥蚀较浅，深部找矿潜力大。该异常找矿前景好，具有一定找矿价值。

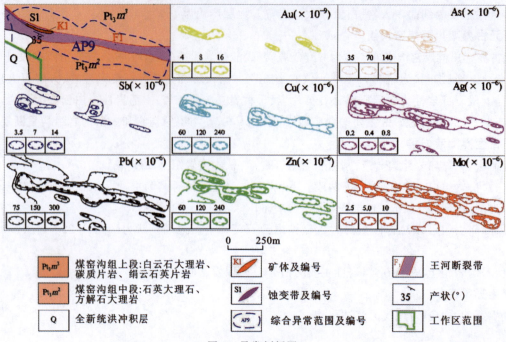

图 2 异常剖析图

表 1 AP9 异常特征参数表

元素	下限值(×10⁻⁶)	样品数(个)	最高值(×10⁻⁶)	平均值(×10⁻⁶)	衬度	标准方差	变化系数	面积(km²)	规模	度带
Pb	75	77	5483	483	6.44	902	1.87	0.171 3	1.104	3
Mo	2.5	69	326.7	13.9	5.57	39.3	2.82	0.148 0	0.824	3
Ag	0.2	59	10	0.78	3.91	1.49	1.91	0.117 9	0.461	3
Zn	150	55	940	305	2.03	174	0.57	0.118 1	0.240	3
Cu	60	11	1090	234	3.90	301	1.29	0.022 9	0.089	3
Au	6	6	117	31.2	5.19	42.6	1.37	0.013 4	0.069	2
Sb	3.5	8	19.1	9.3	2.65	4.5	0.49	0.017 2	0.045	3
As	35	12	150.8	72.2	2.06	35.4	0.49	0.024 8	0.051	3

6 讨论

6.1 矿化蚀变带特征

矿区发现 9 条蚀变带,与区域构造方向一致,受断裂构造控制。其中 S1、S2 铅、铜、银多金属矿化蚀变带找矿前景较好。

S1、S2 蚀变带发育于石门-王河断裂带内,受断裂带控制。S1 蚀变带,脉状,长约 900m,宽 1.00～2.50m,产状 205°∠(35°～65°),主要矿化为孔雀石化、硅化、铜蓝化等,铜品位 0.29%～1.36%。S2 蚀变带,长约 900m,宽 1.00～2.00m,产状 211°∠87°,主要矿化为硅化、斑铜矿化、铜蓝化、方铅矿化、黄铁矿化等,Pb 品位最高 0.568%,Cu 品位最高 1.03%,Ag 品位最高 88.50×10⁻⁶,厚度 0.20～1.50m。

6.2 围岩蚀变

蚀变带围岩为白云石大理岩、碳质片岩,围岩蚀变以硅化、绢云母化、碳酸盐化、黄铁矿化为主。

(1)硅化:在围岩中普遍发育,细粒石英呈不规则脉状或斑块状集合体分布于蚀变围岩中。

(2)绢云母化:局部可见,绢云母分布于石英集合体的不规则裂隙中。

(3)碳酸盐化:比较普遍的晚期蚀变,局部强烈,呈浸染状和不规则状,蚀变产物多为方解石。

(4)黄铁矿化:呈星散状或细脉状,地表氧化为赤铁矿和褐铁矿。

6.3 矿床成因

本区矿床类型为产于构造带的热液填充交代脉状矿床,成矿时代属燕山期。

燕山晚期是我国东部的大规模成矿时期(毛景文等,1999),卢氏—栾川地区也在其中。燕山晚期大规模的岩浆活动使含矿热液沿断裂破碎带上升,由于地壳伸展作用,在片岩接触带内形成断裂带,伸展隆起运动和构造剥蚀作用形成高地热梯度和高热流环境,为成矿元素活化、迁移、富集提供良好条件,断层和破碎带为含矿物质的运移、聚集提供空间和通道,局部形成富矿体。

6.4 找矿标志

(1)蚀变标志:绢云母化、硅化等矿化蚀变是重要的找矿标志,蚀变作用强则矿化强。

(2)矿化标志:地表铜蓝化、方铅矿化、褐铁矿化、孔雀石化是寻找多金属矿的直接标志。

(3)岩石标志:煤窑沟组是区域上多金属矿重要的找矿标志(李自民等,2013)。

(4)构造标志:近东西向断裂构造及次级构造带是赋矿构造,可作为找矿标志。

(5)遗迹标志:老硐是直接找矿标志。

6.5 找矿前景

根据区域成矿条件、找矿标志,综合矿床成因,本区应以构造蚀变岩型铅铜多金属矿作为重点找矿对象。矿区已发现S1、S2蚀变带受王河-石门断裂带控制,多集中在煤窑沟组上段和中段接触带两侧,是区域重要的赋矿地层。

1∶10 000土壤地球化学测量工作圈定13处综合异常,其中AP9甲1级综合异常规模大、强度高,元素套合好,浓度分带和浓集中心明显,且发育S1、S2蚀变带。该异常展布方向与蚀变带延伸方向一致,均为近东西向。该异常是成矿有利部位,找矿前景好。

7 结论

(1)矿区矿床成矿时代与区域成矿时代基本一致,为燕山晚期(张晓玲,2013)。

(2)矿区赋矿地层为栾川群煤窑沟组,在豫西煤窑沟组碳质片岩中发现工业品位铜矿尚属首例,提供了新的找矿方向,具有重要的研究价值。

(3)矿床受石门-王河断裂及其次级断层控制,构造破碎带为含矿热液的运移提供了通道,还为含矿物质的富集沉淀提供了空间。

(4)矿区内与铜铅相关的围岩蚀变和矿化明显,沿断裂热液活动强烈,金属硫化物矿化及蚀变较强,主要有方铅矿化、硅化、孔雀石化、黄铁矿化、黄铜矿化等。

(5)矿床受近东西向断裂构造控制明显,近东西向矿脉找矿前景较好。

主要参考文献

陈衍景,富士谷,1992.豫西金矿成矿规律[M].北京:地震出版社.

陈卓,刘国印,陈健,2013.河南省卢氏小河口金矿地质特征及找矿方向[J].资源导刊·地球科技版(11):22-24.

付治国,靳拥护,吴飞,等,2007.东秦岭-大别山5个特大型钼矿床的成矿母岩地质特征分析[J].地质找矿论丛(4):277-281.

关保德,1996.河南华北地台南缘前寒武纪—早寒武世地质和找矿[M].武汉:中国地质大学出版社.

胡受奚,林潜龙,1998.华北与华南古板块拼合带地质与找矿[M].南京:南京大学出版社.

胡元第,郭抗衡,1981.豫西构造控矿规律和内生矿床预测[M].北京:地质出版社.

李自民,马东峰,冯亚举,等,2013.豫西煤窑沟组钒的地质地球化学特征[J].四川有色金属(1):42-46.

吕文德,孙卫志,2004.卢氏-栾川地体铅锌矿成矿地质条件分析及找矿远景[J].矿产与地质(6):507-516.

马东峰,张赞飞,姜伟,等,2016.河南省煤窑沟组地层钒矿床地质特征与矿床成因研究[J].工程技术(11):225-226.

马宏卫,2008.东秦岭大别山段斑岩型钼(钨、铜)矿床地质特征[J].地质与勘探(1):50-54.

毛景文,华仁民,李晓波,1999.浅议大规模成矿作用与大型矿集区[J].矿床地质(4):291-299.

吴敏娜,胡焕校,蒋召杰,2015.河南省卢氏县桐树沟铜多金属矿地质特征及找矿方向[J].南方金属(4):24-27.

肖中军,孙卫志,2007.河南卢氏夜长坪钼钨矿床成矿条件及找矿远景分析[J].地质调查与研究(2):141-148.

杨达,杜学良,孙越英,2013.河南卢氏—栾川地区铅锌银矿矿床成因及找矿模式[J].四川地质学报,33(2):144-148.

余良济,彭应达,李采一,等,1986.河南省变质地质[J].河南地质(2):1-125+130.

张本仁,李泽九,骆庭川,等,1987.豫西卢氏—灵宝地区区域地球化学研究[M].北京:地质出版社.

张倩倩,徐磊磊,2012.河南省卢氏县刘家河铁矿床地质特征及找矿标志[J].内蒙古科技与经济(15):44-45.

张晓玲,2013.河南省卢氏县小南沟金铜铅多金属矿成矿规律与找矿预测研究[D].长沙:中南大学.

赵鹏大,陈建平,陈建国,2001.成矿多样性与矿床谱系[J].地质科学.26(2):111-118.

赵鹏大,陈建平,张寿庭,等,2002.非传统矿产资源概论[M].北京:地质出版社.

朱广彬,刘国范,刘伟芳,2007.东秦岭铜矿床地质特征及找矿标志[J].地质与勘探(1):8-16.

左娅,张文博,杨贺杰,2012.卢栾地区成矿地质特征和成矿预测[J].科技视界(26):449-452.

栾川县三院沟萤石矿矿床地质特征分析

张六虎,王亚锋,王富永

(河南省核技术应用中心,河南 郑州 450044)

摘 要:栾川县三院沟萤石矿矿床紧邻马超营大断裂带,区内次级断裂构造发育,萤石矿资源丰富。通过对该区域萤石矿地质特征及矿床成因分析研究,认为区内萤石矿床严格受断裂构造带控制,合峪花岗岩体为主要的赋矿围岩;矿体多呈陡倾斜脉状、透镜体状分布,形态较为简单,厚度变化较稳定;矿石类型主要有萤石型、石英-萤石型、萤石-石英型,围岩蚀变主要表现为硅化、高岭土化、褐铁矿化;矿床类型属低温热液充填型脉状萤石矿床。

关键词:栾川;三院沟;萤石矿;地质特征;分析

萤石(CaF_2),又名氟石,是一种国家战略性非金属矿产资源,主要用于制造氢氟酸及炼钢的助熔剂等。萤石作为氟元素的主要来源,随着氟化工产品的不断升级,其产品附加值快速增长,未来需求空间巨大。我国萤石矿储量居世界第三位,产量居世界首位。该区带在漫长的地质史上发生了多期次岩浆活动,形成了较为丰富的萤石矿产资源。已知萤石矿床、矿点共计50处,查明大型矿床4个、中小型矿床10余个。在该地区累计查明萤石资源储量1000多万吨,占河南省累计查明萤石资源储量的68.58%,保有资源储量800多万吨,占河南省保有资源储量的80%以上。通过普查工作在项目区内估算出15个萤石矿体,共推断矿石量22.0万t,CaF_2矿物量6.5万t,CaF_2平均品位30.00%,均为新增矿产资源量。对该区进行矿床地质特征分析,可有效指导矿床深部找矿勘查工作,扩大找矿规模,增加资源储量。

1 区域成矿地质特征

栾川三院沟萤石矿区位于华北陆块南缘伏牛-大别弧形构造带西翼伏牛山多金属成矿带东段,南部有栾川断裂带,北部有马超营大断裂带。本区在成矿单元上属华北陆块区太华-登封古岩浆弧熊耳裂谷(Ⅲ级成矿单元)中生代花岗岩区。区内属华北地层区豫西地层分区卢氏-明港地层小区,出露地层主要为新太古界太华群、中元古界长城系熊耳群和新生界第四系。区内断裂构造发育,区域断裂主要有栾川断裂带和马超营大断裂带,二者大致控制着熊耳群火山岩的南部边界,两条深断裂之间为太山庙岩体和合峪岩体。两条区域断裂带的次级断裂构造广泛发育,控制了以金、银、钼和萤石为主的矿床(点)的分布。区域上岩浆岩广泛发育,大面积分布,主要出露为燕山期合峪花岗岩体,岩性主要为大斑中粗粒黑云母二长花岗岩,其次为长城纪龙王幢碱性花岗岩体、太华杂岩以及各类岩脉等。

基金项目:河南省栾川县三院沟萤石矿普查项目(编号:11)。

作者简介:张六虎(1987—),男,本科学历,工程师,从事地质矿产勘查和矿产天然放射性检测工作。E-mail:zhangliuhu1172@126.com。

2 矿区地质特征

矿区位于区域断裂栾川断裂带和马超营大断裂带的夹持区,大面积出露的是花岗岩,地层只在矿区东北部有少量出露(图1)。构造主要出露于岩体内部,按展布方向有北西向、近南北向和北东向3组,北西向构造是萤石矿的主要赋矿构造。矿内出露的大面积花岗岩全部为中生代早白垩世大斑中粗粒黑云母二长花岗岩单元,为含燕山期合峪Ⅰ型花岗岩特征的S型花岗岩,该岩体具有高氟特征。岩浆物质来源为以壳源为主的壳幔混合,形成与秦岭造山带碰撞后陆内抬升地壳隆起、伸展减薄岩浆侵入有关。合峪岩体形成年龄为148.2~124.7Ma,合峪岩体侵入最新地质体为新元古代伏牛山岩体,同位素年龄资料显示,童子庄复式深成岩体全岩Rb-Sr年龄112Ma、合峪复式深成岩体K-Ar年龄100Ma,石人山复式深成岩体^{40}Ar-^{39}Ar年龄153Ma,锆石U-Pb年龄120Ma,形成时代应为早白垩世。

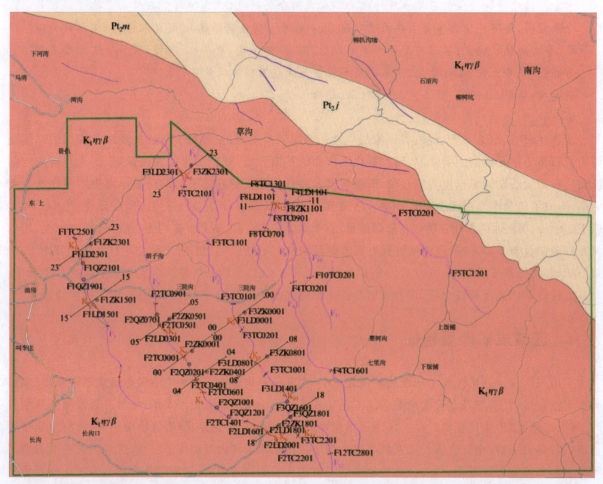

1-中元古界长城系熊耳群马家河组灰红色-灰紫色块状安山岩;2-中元古界长城系熊耳群鸡蛋坪组紫红色流纹斑岩、英安斑岩夹灰色安山岩;3-中生代早白垩世黑云母二长花岗岩;4-萤石矿脉;5-实测地质界线;6-构造带及编号;7-槽探编号;8-取样钻位置及编号;9-钻孔位置及编号;10-见钻孔位置及编号;11-老硐位置及编号;12-勘查线位置及编号;13-矿区范围。

图1 栾川三院沟矿区地质图

矿内出露的大面积花岗岩岩性主要为大斑中粗粒黑云母二长花岗岩、中斑中粗粒黑云母二长花岗岩。岩石灰白色—灰红色,该岩石具块状构造,似斑状结构。矿物成分主要由斜长石(35%~40%)、钾长石(25%~30%)、石英(25%~30%)及少量黑云母、角闪石(2%~3%)组成,副矿物为榍石、褐帘石、锆石、磷灰石等。斜长石呈半自形板状,粒径0.2~40mm,聚片双晶发育,环带构造较发育,可见卡钠复合双晶,被绢云母、白云母、绿帘石、碳酸盐交代。钾长石呈他形粒状,粒径0.2~6.0 mm,格子状双晶较发育,普遍具钠长石条纹,弱黏土化。石英呈他形粒状,粒径0.2~5.4mm,具波状消光。黑云母呈鳞片状,粒径0.2~2.4mm,强烈被绿泥石交代。角闪石呈柱状,粒径0.2~2.2mm,强烈被绿泥石、碳酸盐交代。矿区内构造发育,区内断裂构造总体以北西向为主,其次为北北东向。经野外地质简测(矿脉调查),在区内已发现12条规模较大构造带,其中F_1、F_2、F_3、F_4、F_8、F_{12}为本区含矿断裂构造,断裂性质以压扭性为主(表1)。萤石矿(化)体主要分布在以上几条构造上,其余构造仅地表偶见有萤石矿化。

表1 三院沟萤石矿区断裂构造主要特征一览表

构造编号	出露长度(m)	厚度(m)		产状(°)		岩性	地表矿化情况
		一般	最厚	倾向	倾角		
F_1	1500	1~5	5	35~80	52~70	构造碎裂岩	地表局部可见萤石矿化
F_2	2500	2~5	8	30~80	53~61	构造碎裂岩	地表局部可见萤石矿化
F_3	2800	1~5	5	40~85	40~65	构造碎裂岩	地表局部可见萤石矿化
F_4	2100	1~5	10	65~108	51~75	构造碎裂岩	地表局部可见萤石矿化
F_8	750	2	4	70~115	63~72	构造碎裂岩	地表局部可见萤石矿化
F_{12}	390	1~2	3	70~89	45~58	构造碎裂岩	地表局部可见萤石矿化

3 矿体地质特征

3.1 矿体特征

区内共圈定出萤石矿体15个(表2),其中,F_1号含矿构造圈出3个矿体(K_1、K_2、K_3),F_2号含矿构造圈出5个矿体(K_4、K_5、K_6、K_7、K_8),F_3号含矿构造圈出4个矿体(K_9、K_{10}、K_{11}、K_{12}),F_4号含矿构造圈出1个矿体(K_{13}),F_8号含矿构造圈出1个矿体(K_{14}),F_{12}号含矿构造圈出1个矿体(K_{15})。全部赋存于合峪花岗岩基的断裂带中,严格受断裂破碎带控制。矿体边界清楚,形态多为脉状、透镜状,矿体在走向、倾向均具波状舒缓和膨大尖缩现象。

表2 普查区矿体主要特征一览表

编号	赋存标高(m)	产状(°)	长度(m)	延深(m)	厚度区间(m)	平均厚度(m)	厚度变化系数(%)	品位区间(%)	平均品位(%)	品位变化系数(%)
F_1-K_1	+552~+596	81∠60	58	45	0.72	0.72	/	51.76	51.76	/
F_1-K_2	+459~+610	61∠66	110	136	0.75~0.83	0.81	4.17	15.72~22.23	18.87	17.15
F_1-K_3	+580~+638	102∠61	70	40	1.72	1.72	/	29.67	29.67	/
F_2-K_4	+580~+653	47∠53	210	68	0.82~0.97	0.91	6.23	21.37~27.52	25.30	10.67
F_2-K_5	+602~+666	55∠66	70	46	1.63	1.63	/	16.73	16.73	/
F_2-K_6	+505~+743	60∠53	198	196	0.71~0.74	0.72	1.39	18.05~39.40	31.39	28.27
F_2-K_7	+673~+743	57∠62	97	45	0.74	0.74	/	38.92	38.92	/

续表2

编号	赋存标高(m)	产状(°)	长度(m)	延深(m)	厚度区间(m)	平均厚度(m)	厚度变化系数(%)	品位区间(%)	平均品位(%)	品位变化系数(%)
F_2-K_8	+571~+667	36∠56	250	66	1.04~1.70	1.31	19.85	26.03~55.45	39.78	24.65
F_3-K_9	+636~+700	66∠63	50	75	1.33	1.33	/	32.03	32.03	/
F_3-K_{10}	+549~+630	58∠64	50	68	1.08	1.08	/	32.62	32.62	/
F_3-K_{11}	+663~+731	50∠51	130	66	0.74~0.76	0.75	1.33	25.01~31.58	28.25	11.61
F_3-K_{12}	+634~+684	66∠72	90	40	0.82	0.82	/	21.26	21.26	/
F_4-K_{13}	+595~+652	63∠55	100	40	0.90	0.90	/	18.36	18.36	/
F_8-K_{14}	+631~+663	98∠45	49	37	0.84	0.84	/	59.42	59.42	/
F_{12}-K_{15}	+673~+710	75∠54	100	40	1.00	1.00	/	18.65	18.65	/

3.2 矿石特征

三院沟萤石矿床的矿石及矿物特征显示,该矿床成因类型为裂隙充填的热液脉状萤石矿床。通过岩矿鉴定,矿石矿物主要为萤石,脉石矿物有石英、长石(钾长石、斜长石)、云母(黑云母、绢云母),少量高岭土、绿泥石、黄铁矿、磁铁矿、方解石等。萤石:以紫色为主,其次为杂色(淡绿色、绿色、无色、烟灰色、淡紫色、暗紫色),少量紫红色。不同颜色的萤石,其结晶的先后顺序不同,由早至晚分别是紫色萤石→杂色萤石→紫红色萤石(图2~图5)。紫色萤石多为半自形—他形粒状,粒径0.01~10mm,可见颜色环带,负突起,均质性,多呈块状、团块状、稠密浸染状分布,部分呈单独的细脉状、网脉状、角砾状分布,局部与石英集合体呈条带状。杂色萤石颜色一般分布不均匀,无色、烟灰色、淡紫色萤石多为半自形—他形粒状,粒径0.02~10mm,多呈条带状分布,部分呈细脉状、角砾状分布。淡绿色及部分绿色萤石呈自形粒状,多呈团块状、角砾状分布。紫红色萤石多他形粒状,粒径0.01~1.8mm,与脉石矿物胶结成细脉状分布。石英:占矿石中矿物总量的25%~30%,粒径一般小于0.03mm,多为成矿阶段形成,部分为后期硅化形成。偶见有岩石空洞,洞壁石英呈犬牙状生长。长石:包含钾长石和斜长石两种,占矿物总量的10%,为围岩碎屑中的矿物。云母、高岭土:占矿物总量的3%~5%,绢云母、高岭土多为围岩碎屑中长石蚀变形成。黑云母:少量,呈片状,为围岩矿物。绿泥石:少量,多呈片状。黄铁矿、磁铁矿:微量—少量,半自形粒状,粒径0.01~0.26mm,呈浸染状、团块状分布于碎裂岩。

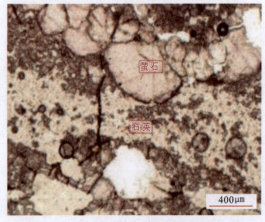

图2 半自形紫色萤石镜下薄片图

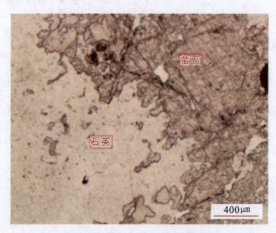

图3 他形杂色萤石镜下薄片图

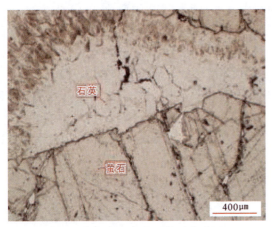
图4　半自形杂色萤石镜下薄片图

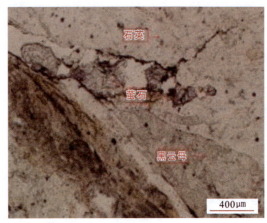
图5　他形紫红色萤石镜下薄片图

3.3　围岩蚀变

区内萤石矿体赋存于合峪花岗岩中，围岩蚀变仅限于构造破碎带及其上下盘围岩附近，具有明显低温热液蚀变特征，主要蚀变类型、强度及其与矿化的关系如下。

(1)硅化：与萤石成矿关系密切，主要在矿体及破碎带中。

(2)硅化在矿区主要有两种表现形式：一是以石英团块或石英颗粒的形式分布于矿石及矿体附近的花岗岩中；二是以石英细脉的形式产于矿石或构造破碎岩中。

(3)绢云母化：与成矿关系密切，主要以片状绢云母的形式分布于近矿围岩与构造破碎带中，常与硅化伴生，局部形成绢英岩甚至云英岩。

(4)高岭土化：主要分布于近矿围岩与构造破碎带中，主要为近矿围岩中长石风化形成，为后生矿物，对找矿具有指示作用。

4　结语

三院沟萤石矿床与区域其他萤石矿床相似，赋存于合峪花岗岩基内，严格受构造破碎带控制，矿体边界清晰，形态多为脉状、透镜状；矿石类型以萤石型、石英-萤石型、萤石—石英型为主，且萤石与石英呈"此消彼长"的特征，萤石多为自形—半自形晶体，以脉状、团块状、晶簇状产出，显示出热液矿床的特征。矿区围岩蚀变仅限于构造破碎带及其上下盘围岩附近，主要蚀变为硅化、绢云母化，具有明显的低温热液蚀变特征；邻近萤石矿床的流体包裹体特征显示，成矿流体属低温、低盐度、低密度的 $NaCl-H_2O$ 体系流体，指示该矿床属于低温热液矿床。综上，三院沟萤石矿应为构造充填的热液脉型萤石矿床。

主要参考文献

邓红玲,张苏坤,汪江河,等,2017.河南省栾川县杨山萤石矿床地质特征及成因研究[J].中国非金属矿工业导刊,3:37-40.

段世轻,谢朝永,吴昊,2021.栾川杨山萤石矿成矿地质特征研究及找矿前景评价[J].西部探矿工程,5:126-134.

何进,刘书亚,周学明,等,2022.河南栾川马丢萤石矿床主矿体找矿前景分析[J].中国非金属矿工业导刊,5:29-33.

黄传计,赵伟,张志娜,等,2023.河南萤石矿分布特征及成矿规律分析[J].中国非金属矿工业导刊,1:41-54.

孔令菲,董旭舟,李蒙,2020.栾川县合峪北部萤石矿地质特征及矿床成因[J].矿业工程,244-246.

李敬,高永璋,张浩,2017.中国萤石资源现状及可持续发展对策[J].中国矿业,26(10):7-14.

马红义,黎红莉,张林兵,等,2023.豫西合峪萤石矿矿集区矿床特征及找矿前景[J].地质与勘探,59(3):557-569.

王吉平,商朋强,熊先孝,等,2015.中国萤石矿床成矿规律[J].中国地质,42(1):18-32.

张静杰,胡电梅,陈新立,等,2021.河南省栾川县杨山一带萤石矿矿床地质特征及周边找矿前景分析[J].山西冶金,1:93-95.

张凯涛,白德胜,李俊生,等,2022.豫西合峪—车村地区萤石矿床地质特征及物质来源研究进展[J].物探与化探,46(4):787-797.

周树峰,陈庆良,李耀武,等,2014.浅析河南嵩县鱼池岭斑岩型钼矿床地质特征及找矿标志[J].矿产与地质,28(5):527-535.

西天山阿吾拉勒成矿带火山岩研究进展

茹 朋[1,2]，李晓芳[3]，王亚珂[3]

(1.河南省地质研究院,河南 郑州 450016;2.河南省金属矿产成矿地质过程与资源利用重点实验室,河南 郑州 450016;
3.河南省地质科学研究所有限公司,河南 郑州 450016)

摘 要：西天山阿吾拉勒地区是重要的铁矿集中分布区，区内分布有大量的火山岩，有的火山岩就是重要的赋矿层位。文章系统总结了阿吾拉勒一带火山岩的研究进展，为研究包括阿吾拉勒在内的整个西天山晚古生代的构造演化提供了帮助，有利于当今的矿产勘查，具有重要的理论和实践意义。

关键词：火山岩；阿吾拉勒；西天山；研究进展

西天山阿吾拉勒地区发育大量的火山岩和侵入岩，为研究西天山构造岩浆事件提供了有利条件，亦为重建西天山造山带的演化历史提供了便利。阿吾拉勒晚古生代火山岩分布较广，其东段以石炭纪火山岩为主，而西段则以二叠纪火山岩为主。作者通过对区内比较典型的下石炭统大哈拉军山组火山岩、上石炭统伊什基里克组火山岩、下二叠统塔尔得套组火山岩及下二叠统乌郎组火山岩的研究进展进行综述，以期对区内的火山岩有比较详细的认识。

1 区域地质背景

西天山构造带位于新疆天山北部，属于西伯利亚板块、东欧板块、卡拉库姆-塔里木板块、华北板块之间的中亚造山区南带，与两侧盆地均以逆冲断裂为界，整体上呈西宽东窄的楔形(高俊等,2009)。西天山可以划分为北天山、中天山和南天山，它们之间分别以中国天山主干断裂及尼古拉耶夫线为界(黄汲清等,1980)。其中北天山包括依连哈比尔尕山、阿拉套山、别珍套山、汗吉尕山、科古琴山和博罗科努山，中天山包括伊犁盆地、乌孙山和阿吾拉勒山，南天山包括那拉提山、哈尔克山、额尔宾山、黑英山和霍拉山等。

阿吾拉勒位于西天山造山带中部，南北分别以巩乃斯河大断裂和喀什河大断裂为界(王春龙,2012)，属于阿吾拉勒晚古生代裂谷构造区，南邻伊什基里克石炭纪碱性火山岩带，北邻中天山北缘陆缘活动带，东西长约250 km，南北宽20～30 km，呈西宽东窄的楔形(图1)。

阿吾拉勒地区出露地层主要为中元古界、上古生界、中新生界等。其中出露最老地层为长城系特克斯岩群(ChT.)，主要岩性为一套片麻岩、麻粒岩和变质岩。中上泥盆统坎苏组($D_{2-3}k$)为一套强糜棱岩化中酸性夹基性火山岩，分布于阿吾拉勒山中段南坡。下石炭统大哈拉军山组(C_1d)分布广泛，岩性主要为中酸性火山熔岩和火山碎屑岩，局部夹玄武岩。上石炭统伊什基里克组(C_2y)在阿吾拉勒山东段以中酸性、中基性火山岩为主，而在西段则主要为火山碎屑岩、沉凝灰岩夹少量正常沉积碎屑岩。上石炭统东图津河组(C_2dt)分布于阿吾拉勒山西段，岩性主要为海相碳酸盐岩和碎屑岩。二叠系主要分布在

作者简介：茹朋(1984—)，本科，工程师，主要从事地质调查等方面的工作。E-mail:896940766@qq.com。

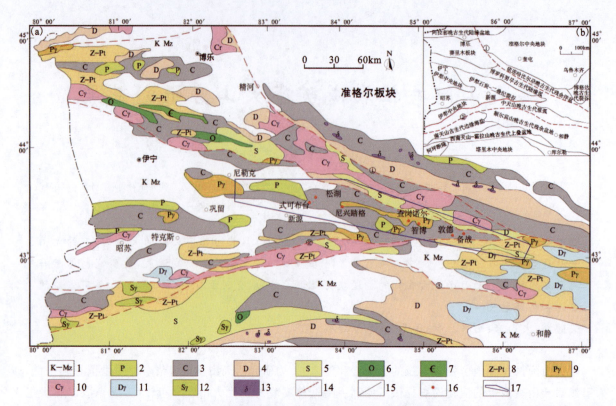

1-中—新生界；2-二叠纪砾岩、安山岩、长石岩屑砂岩；3-石炭纪凝灰岩；4-泥盆纪石英质糜棱岩、千枚岩；5-志留纪角砾凝灰岩、玄武岩；6-奥陶纪钙质粉砂岩；7-寒武纪片麻岩；8-前寒武纪：黑云斜长片麻岩、麻粒岩；9-二叠纪花岗岩；10-石炭纪花岗岩；11-泥盆纪花岗岩；12-志留纪花岗岩；13-镁铁质—超镁铁质岩；14-断裂构造；15-构造界线；16-典型矿床；17-阿吾拉勒成矿带。①依连哈比尔尕-阿齐克库都克断裂；②尼古拉耶夫线-那拉提北坡断裂；③长阿吾子-乌瓦门断裂。

图 1　西天山综合地质矿产图（据韩琼等，2015）
(a)西天山区域地质及矿产分布图；(b)西天山大地构造略图

阿吾拉勒山西段，且各组出露齐全，接触关系清晰，为一套正常陆相火山-沉积组合，可分为乌郎组（P_1w）、塔尔得套组（P_1t）、晓山萨依组（P_2x）、哈米斯特组（P_2hm）、塔姆其萨依组（P_2tmq）和巴斯尔干组（P_2bs）。早中侏罗世水西沟群（$J_{1-2}S$）分布比较广泛，整体为一套陆内河湖相沉积，由砾岩、砂岩、粉砂岩、泥岩组成，含有煤层。新生界主要为各种类型的第四纪沉积。

阿吾拉勒地区构造格局复杂，褶皱及断裂构造都比较发育。区内最主要的褶皱构造为巩乃斯复向斜，由阿吾拉勒复式背斜、巩乃斯山间凹陷、喀什河山间凹陷及则克台-坎苏断隆 4 个次级单元组成。此外区内的褶皱构造还有伊什基里克地垒式复背斜。阿吾拉勒地区断裂构造十分发育，主要呈近东西向展布，其次为北西向和北东向。区内最主要断裂为伊犁-巩乃斯河断裂（那拉提北缘断裂）和喀什河断裂（霍城-哈希勒根达坂断裂），其中喀什河断裂是区域性深大断裂，是赛里木-准格尔微板块与乌苏-阿吾拉勒微板块的缝合带（张作衡，2008）。此外还有中天山南缘断裂、尼勒克断裂等次级断裂构造。值得注意的是在阿吾拉勒山东段智博铁矿附近还发育有一个破火山口构造，呈环状分布，面积超过 300km²。

阿吾拉勒地区的侵入岩主要分布于阿吾拉勒山海西期褶皱带中，侵入体类型主要有岩体、岩基、岩株、岩床及岩脉，岩性从基性、中性到酸性，但以中酸性居多。以中深成岩为主，浅成岩次之。侵入岩体以石炭纪、二叠纪侵入岩为主。石炭纪岩体的岩石组合为角闪辉长岩、石英二长岩、花岗闪长岩、二长花岗岩、正长花岗岩、花岗岩及花岗斑岩。二叠纪侵入岩的岩石组合为闪长岩、钾长正长岩、花岗闪长岩、二长花岗岩、花岗岩及花岗斑岩。浅成侵入岩被认为具有埃达克（adakite）特征，代表了底侵玄武质岩熔融形成的新生陆壳物质，可能是西天山晚古生代碰撞阶段地幔玄武岩浆底侵作用和地壳垂向增生的重要岩石标志（熊小林等，2001）。

2 典型火山岩

2.1 下石炭统大哈拉军山组火山岩

大哈拉军山组是阿吾拉勒成矿带重要的赋矿围岩,出露于阿吾拉勒山两侧,呈北西西—南东东向展布。从岩性上看,大哈拉军山组以流纹岩、粗面岩、粗面安山岩、中酸性凝灰岩和少量玄武岩为主。

松湖铁矿、式可布台铁矿、备战铁矿大哈拉军山组火山岩的成岩时代,以及阿吾拉勒成矿带上其他已有的高精度年代学数据表明,大哈拉军山组火山岩在年代上具有自西向东变新的特点,早石炭世火山岩自西向东表现为尖灭。例如尼勒克县阔尔库沟大哈拉军山组中流纹岩的年龄为 342.3 ± 6.3 Ma(白建科等,2011),备战铁矿的大哈拉军山组中流纹岩的年龄为 316.1 ± 2.2 Ma(李大鹏等,2013)。

大哈拉军山组主要岩石化学指数呈现出比较规律的变化,里特曼指数在流纹岩—英安岩中总体小于 3.3,平均 1.6;而在安山岩中平均为 4.4,玄武岩中平均为 3.2。分异指数在流纹岩—英安岩、安山岩、玄武岩中平均值呈现出递增的趋势。碱度值 AR、固结指数 SI、长英指数 FL、铁镁质数 MF 呈现出随 SiO_2 降低而降低的趋势。大哈拉军山组火山岩稀土总量平均为 140.71×10^{-6},其中轻稀土平均 101.8×10^{-6},重稀土平均 31.28×10^{-6},LREE/HREE 值较小,平均 2.61,表明岩浆分异较强。稀土配分曲线表现为右倾型,轻稀土明显富集,重稀土较为亏损,具有轻微铕异常。微量元素表现为富集 K、Rb、Ba、Th、Ta、Nb、P、Ce、Hf、Sm 等元素而亏损 Ti、Y、Yb、Sc、Cr 等元素(张江苏和李注苍,2006)。对备战铁矿、敦德铁矿和智博铁矿中大哈拉军山组内玄武-安山岩进行岩石地球化学研究结果表明,岩浆经历了一定程度的结晶分离作用。各种火山岩的稀土总量变化较大,但稀土元素配分图均表现为轻稀土富集重稀土亏损的右倾配分模式。微量元素方面普遍表现为大离子亲石元素的富集和 Nb、Ta、Ti 元素的亏损,这与俯冲带火山岩的地球化学特征相似。

关于大哈拉军山组形成的构造背景,目前并没有统一的观点,大致可以分为 3 种:①大陆裂谷-地幔柱说(Xia et al.,2004),认为石炭纪时天山地区的古洋盆已经关闭,整个天山造山带处于造山后大陆裂谷拉伸阶段,石炭纪火山岩与碰撞后裂谷拉张环境的古地幔柱活动有关,源于软流圈地幔和岩石圈地幔的混合岩浆可能是其母岩浆;②活动大陆边缘和岛弧说(Gao and Klemd,2003),认为阿吾拉勒地区早—中石炭世仍处于岛弧环境,晚石炭世开始逐渐转变为裂谷环境;③大陆减薄拉张说(陈丹玲等,2001),认为伊犁-中天山板块内部石炭纪火山岩可能形成于大陆减薄拉张环境。

鉴于大哈拉军山组岩性及岩石地球化学特征较复杂,形成时间跨度较大,形成背景有较大分歧,有学者提出应该把现有的大哈拉军山组解体并重新划分,认为:①大面积分布于昭苏北—特克斯—巩留—阿希金矿一线的火山岩形成时代为晚泥盆世而非早石炭世,建议命名为"特克斯达坂组";②西天山东段拉尔敦达坂一带出露的晚石炭世火山岩创名归为"拉尔敦达坂组";③新源县城南及特克斯南大哈拉军山一带分布的早石炭世火山沉积岩依然使用"大哈拉军山组"。

总体来看,目前对阿吾拉勒地区的大哈拉军山组火山岩的岩石特征、地球化学特征、时代特征等已经有较多的数据,从这些数据来看,大哈拉军山组可能并不是同一期火山活动的产物,因此,大哈拉军山组是否适合作为一个地层单元"组"而存在是值得商榷的。正确认识这套火山-沉积地层的形成过程及形成时代对研究西天山的构造演化、阿吾拉勒成矿带的矿产勘查等具有重要的理论和实践意义,对其进行解体研究并确定具体的解体方案可能是未来的一个研究方向。

2.2 上石炭统伊什基里克组火山岩

伊什基里克组分布于阿吾拉勒山南坡,自西向东呈带状展布。该组构成了巩乃斯复向斜核部,为一套典型的以钙碱性系列为主的双峰式火山岩、火山碎屑岩。主要岩性为灰色—灰紫色英安岩、安山岩、流纹岩、火山角砾岩、晶屑岩屑凝灰岩,局部可见橄榄绿玄岩、石英斑岩、霏细斑岩及砂岩等,含蜓、珊瑚、腕足、海百合、双壳类等化石。因尼卡拉运动,该组与二叠系呈不整合接触。

相比于中国各类火山岩,阿吾拉勒一带的伊什基里克组火山岩 FeO 略高,而 TiO_2、MgO、P_2O_5 略低,SiO_2、Al_2O_3、Fe_2O_3、Na_2O、MnO、CaO 等则比较接近。该组火山岩中,从基性岩到酸性岩,K_2O 具有逐渐升高的特征,在玄武岩和安山岩中 Na_2O 明显大于 K_2O,而在英安岩和流纹岩中则相反。伊什基里克组火山岩的主要岩石化学指数呈现出规律性变化,固结指数 SI 在玄武岩、安山岩、英安岩、流纹岩中依次降低,而碱度值 AR、分异指数 DI、长英指数 FL、铁镁质数 MF 均依次升高,这表明岩浆分异程度高且结晶演化正常。稀土元素方面总体表现为明显轻稀土富集而重稀土有弱的亏损,各类岩石的稀土配分曲线较好吻合,呈现右陡倾式,表明它们是同一岩浆房的产物,稀土总量及轻重稀土比变化较大反映了火山岩浆演化具有长期性和多次性,或是双峰式特征的体现。具有弱的铕异常,表明岩浆分异程度较高。岩浆还具有轻稀土分馏程度好而重稀土分馏不明显的特征。微量元素方面,高 Th 是伊什基里克组火山岩最显著的特征,这与岛弧玄武岩和洋中脊玄武岩有本质区别,是大陆玄武岩的重要体现。在蛛网图上表现为 Hf、Th、Y、Rb、Ba、Sc 明显富集,Zr、Cs、V 较富集,而 Cr、Nb 亏损,这与板内玄武岩特征相似。

阿吾拉勒地区在早石炭世早期(大哈拉军山组沉积期)属于沟-弧-盆构造格局,其后依连哈比尔尕向北俯冲造山,该沟-弧-盆体系消亡,到了早石炭世晚期(阿克沙克组沉积期)进入了残余海盆演化阶段,后经鄯善运动造山最终完成了伊宁地块与北天山的拼合。故晚石炭世伊什基里克组火山岩是中天山微板块与相邻地块拼合形成统一大陆后,经大陆裂谷作用而形成的裂谷火山岩(刘静等,2006)。而伊什基里克组火山岩正是这一演化进程中的重要记录,揭示阿吾拉勒地区进入了大陆演化阶段。

2.3 下二叠统塔尔得套组火山岩

塔尔得套组是新疆维吾尔自治区有色地质勘查局 703 队将原乌郎组的上亚组单独划分并命名的新组(宋志瑞等,2005)。该组在阿吾拉勒一带分布范围较广(主要分布在群吉复向斜的北翼及黑头山—巴斯尔干一带),厚度较大(1340~1488 m),是一套海陆交互相基性—酸性火山岩建造,富含植物化石,具有杏仁构造,杏仁体中偶见有孔虫残体化石。岩石较新鲜,未受区域变质作用影响。在不同位置与下部的上石炭统东图津河组呈断层或不整合接触,其上被上二叠统晓山萨依组不整合覆盖。

罗勇等(2011)研究结果表明:塔尔得套组流纹岩的 Al_2O_3、FeO、MgO、TiO_2 含量之和为 12.3~15.1,$Al_2O_3/(FeO+MgO+TiO_2)$ 值为 9.9~15.8,暗示了成岩物质与硬砂岩质源区有关。在地球化学图解中亦投于页岩和砂屑岩来源的熔体区域附近。在构造环境判别图中投于后碰撞酸性火山岩区域内。塔尔得套组流纹岩具有明显的 Ba、Sr、Eu、Ti 亏损,与 A2 型花岗岩十分相似,而 A2 型花岗岩的形成与后碰撞、后造山及大陆裂谷过程密切相关。

塔尔得套组火山岩岩石组分表现为不连续分布,SiO_2 含量为 49.1%~76.0%,但在 62.8%~70.8% 之间存在明显的间断,显示出双峰式火山岩的特征。基性端元碱含量较高,属于碱性系列。酸性端元表现为高硅、低铝、钙、磷,贫镁,相对富碱和高 FeO^T/MgO 值,类似于 A 型花岗岩的主量元素特征。在稀土元素配分图上,基性端元表现为右倾型,铕异常不明显,而酸性端元表现为海鸥型,具有明显的负铕异常,而且稀土总量酸性端元高于基性端元。微量元素方面基性端元和酸性端元具有明显的差异,基性端元大离子亲石元素和高场强元素含量较高,酸性端元表现为 Sr、Ba、Eu、Ti、P 等严重亏损,与 A 型花岗岩相似。基性端元和酸性端元均表现出 Nb、Ta 亏损,但与酸性端元相比,基性端元明显富集 U、Pb。Sm-Nd 同位素方面,基性端元的 $\varepsilon_{Nd}(t)$ 值为 0.05~2.27,可能反映了略微亏损的上地幔来源,而酸性端元的 $\varepsilon_{Nd}(t)$ 值为 2.01~2.59,但是基性端元和酸性端元的 $^{143}Nd/^{144}Nd$ 比值相近(陈根文等,2015)。

塔尔得套组双峰式火山岩的存在说明其形成于典型的伸展构造背景,这样的背景可以包括大陆裂谷带、大陆减薄区、碰撞后伸展环境、与俯冲有关的洋内岛弧、活动陆缘和弧后盆地。但是基性端元的构造判别图显示其形成于造山后的伸展区,酸性端元的构造判别图显示其形成于碰撞后的伸展环境。综合来看,塔尔得套组双峰式火山岩的存在,有力地证明了包括阿吾拉勒在内的西天山地区在二叠纪时北天山洋已经完全闭合，并开始进入碰撞后的伸展发育阶段。这为探讨西天山晚古生代构造演化提供了证据。

2.4 下二叠统乌郎组火山岩

乌郎组集中分布于阿吾拉勒山中段乌郎达坂南北、则克台上游，呈东西向带状展布。其上多被晓山萨依组角度不整合覆盖，与上石炭统为断层接触或角度不整合接触。该组主体为一套正常粗碎屑沉积与基性—酸性火山岩组合，由含砾粗砂岩、玄武岩-流纹岩双峰式火山岩组成。

李鸿等(2011)研究结果显示：乌郎组火山岩主要由基性和酸性火山岩组成，中性火山熔岩较少，表现出双峰式火山岩特征，火山岩普遍富碱。微量元素及稀土元素表明，乌郎组形成于碰撞后松弛拉张、伊犁地块拉伸出现陆内火山裂谷的环境中。

产在阿吾拉勒西部乌郎组中、与钠质火山岩共生的橄榄粗玄岩稀土总量为$(122\sim307)\times10^{-6}$，其La的球粒陨石标准化值均大于100，La/Yb为$10.93\sim21.23$。微量元素表现为明显亏损Nb、Ta、Ti(牛贺才等，2011)。

乌郎组火山岩中的玄武岩富铁镁质矿物，低硅、富铝和钙，Na_2O/K_2O值变化大，属于碱性玄武岩系列。稀土总量变化范围大，轻重稀土比为$4\sim8$，稀土元素配分曲线呈右倾型。微量元素含量均高于原始地幔微量元素的4倍以上，并且表现为Rb、Th、U、Ta、P、Ti相对富集而Ba、Sr、Y、La、Ce相对亏损，暗示岩浆结晶过程可能发生了斜长石、锆石、独居石的分离结晶及磷灰石、钛铁氧化物的富集(廖思平等，2011)。

群吉萨依—塔尔得套一带乌郎组中的铝质A型流纹斑岩，具有流动构造，呈流线形定向排列，具有富硅富碱的特征。稀土总量为$(90.7\sim264)\times10^{-6}$，微量元素方面明显亏损Ba、Sr、Eu、Ti等。主量元素地球化学特征表明该流纹斑岩为地壳物质部分熔融的产物，而微量元素地球化学特征表明该流纹斑岩的形成可能与晚古生代西天山后俯冲演化阶段的岩石圈拆沉过程有关(李宁波等，2012)。

乌郎组的玄武安山玢岩和粗面斑岩等富碱，稀土配分图为右倾型，轻稀土不同程度富集，重稀土明显平坦。微量元素方面富集K、Th、Zr、Hf而亏损Ta、Nb、Sr、Ti等。综合来看这些火山岩岩浆来源于地壳物质的部分熔融(赵军等，2013)。

尼勒克地区的乌郎组火山岩可分为两组：一组具有最低SiO_2最高MgO，较低Sr、$(La/Yb)_N$值，相对高Nb/La值，类似于富集型洋中脊特征，暗示其岩浆是浅部源区高程度部分熔融的产物；另一组有着相对较大的变化。该组火山岩由高度亏损的Sr-Nd同位素组成，类似于MORB，表明它们源于长期亏损的地幔源区，然而高度亏损的Nb-Ta、分异且富集大离子亲石元素的特征暗示地幔源区受到近期俯冲带流体的交代作用，并受部分熔融程度及结晶分异作用的控制，是不同批次岩浆作用在不同演化阶段的产物。尼勒克大规模玄武质火山岩的形成可能由塔里木二叠纪地幔柱引发(叶海敏等，2013)。

阿吾拉勒西段群吉—群吉萨依地区的乌郎组中形成年代为$296.3\pm3.1Ma$的流纹岩富硅、碱而贫磷，属于高钾钙碱性系列，铝饱和指数为$0.91\sim0.99$，为准铝质。在稀土元素配分图上表现为平缓右倾。微量元素方面明显亏损Ba、Sr、Nb、Ta、P、Ti、Eu，富集U、Th、K等。锆石饱和温度表明该组流纹岩的母岩浆具有较高的温度。Sr-Nd同位素表明岩石中25%~28%为地壳物质，72%~75%为地幔物质。综合来看，流纹岩岩浆起源可能与北天山洋关闭之后洋壳岩石圈板块尾部断离导致软流圈物质和能量上涌，并引起新生下地壳底部重熔等深部过程有关(丁振倍等，2014)。

3 讨论

岩浆是地球各层圈之间相互作用的产物，是地球各层圈之间物质和能量交换的重要使者(莫宣学，2011)。研究岩浆作用与岩浆岩有3个方面的意义：①岩浆岩及其所携带的深源岩石包体可以被称为探测地球深部的"探针"和"窗口"；②岩浆岩也是板块运动与大地构造事件的记录，通过岩浆岩的研究，可以恢复古板块构造格局,追溯大地构造演化史;③服务于人类社会对于合理利用资源,改善环境,减轻自然灾害的需求。

火山岩是阿吾拉勒地区晚古生代岩浆作用产物的重要组成部分,对其进行研究有助于了解包括阿吾拉勒在内的整个西天山晚古生代的构造格局,有助于了解地球深部物质的相互作用,也可以服务于当今的矿产勘查工作。总体来看,目前大量对阿吾拉勒地区火山岩的研究多集中于岩石学、地球化学、年代学,并以此为基础分析构造演化等,而更进一步的矿物学研究等还比较少见,未来可能是一研究方向。

主要参考文献

白建科,李智佩,徐学义,等,2011.西天山阿吾拉勒地区下石炭统大哈拉军山组火山岩 LA-ICP-MS 锆石 U-Pb 年龄及其地质意义[J].矿物岩石地球化学通报,30(增刊):543.

陈丹玲,刘良,车自成,等,2001.中天山骆驼沟火山岩的地球化学特征及其构造环境[J].岩石学报,17(3):378-384.

陈根文,邓腾,刘睿,等,2015.西天山阿吾拉勒地区二叠系塔尔得套组双峰式火山岩地球化学研究[J].岩石学报,31(1):105-122.

丁振信,薛春纪,赵晓波,等,2014.新疆阿吾拉勒西段流纹岩及其对该区岩石圈深部过程的约束[J].地学前缘,21(5):196-210.

高俊,钱青,龙灵利,等,2009.西天山的增生造山过程[J].地质通报,28(12):1804-1816.

韩琼,弓小平,马华东,等,2015.西天山阿吾拉勒成矿带大哈拉军山组火山岩时空分布规律及其地质意义[J].中国地质,42(3):570-586.

黄汲清,任纪舜,姜春发,等,1980.中国大地构造及其演化[M].北京:科学出版社.

李大鹏,杜杨松,庞振山,等,2013.西天山阿吾拉勒石炭纪火山岩年代学和地球化学研究[J].地球学报,34(2):176-192.

李鸿,周继兵,胡克亮,等,2011.西天山阿吾拉勒地区下二叠统乌郎组火山岩地球化学特征及构造环境[J].新疆地质,29(4):381-384.

李宁波,单强,张永平,等,2012.西天山阿吾拉勒地区 A 型流纹斑岩的初步研究[J].大地构造与成矿学,36(4):624-633.

廖思平,陈红生,廖岩鑫,2011.阿吾拉勒山巩乃斯种羊场地区乌郎组火山岩形成的构造背景[J].矿物岩石地球化学通报,30(增刊):76.

刘静,李永军,王小刚,等,2006.西天山阿吾拉勒一带伊什基里克组火山岩地球化学特征及构造环境[J].新疆地质,24(2):105-108.

罗勇,杨武斌,单强,等,2011.阿吾拉勒山二叠纪酸性火山岩地球化学特征与成矿作用[J].矿物岩石地球化学通报,30(增刊):79.

莫宣学,2011.岩浆与岩浆岩:地球深部"探针"与演化记录[J].自然杂志,33(5):255-258.

牛贺才,单强,罗勇,等,2011.新疆西天山阿吾拉勒地区两类橄榄粗玄岩系岩石的厘定[J].矿物岩石地球化学通报,30(增刊):84.

宋志瑞,肖晓林,罗春林,等,2005.新疆伊宁盆地尼勒克地区二叠纪地层研究新进展[J].新疆地质,23(4):334-338.

王春龙,2012.新疆西天山松湖铁矿地质地球化学特征与成因研究[D].北京:中国地质科学院.

熊小林,赵振华,白正华,等,2001.西天山阿吾拉勒 adakite 型钠质中酸性岩及地壳垂向增生[J].科学通报,46(4):281-287.

叶海敏,叶现韬,张传林,2013.新疆西天山尼勒克二叠纪火山岩的地球化学特征及构造意义[J].岩石学报,29(10):3389-3401.

张江苏,李注苍,2006.西天山阿吾拉勒一带大哈拉军山组火山岩构造环境分析[J].甘肃地质,15(2):10-14.

张作衡,王志良,左国朝,等,2008.新疆西天山地质构造演化及铜金多金属矿床成矿环境[M].北京:地质出版社.

赵军,张作衡,张贺,等,2013.新疆阿吾拉勒山西段下二叠统陆相火山岩岩石地球化学特征、成因及构造背景[J].地质学报,87(4):525-541.

GAO J, KLEMD R, 2003. Formation of HP-LT rocks and their tectonic implications in the western Tianshan Orogen, NW China: geochemical and age constrains[J]. Lithos, 66(1-2):1-22.

XIA L Q, XU X Y, XIA Z C, et al., 2004. Petrogenesis of carboniferous firt-related volcanic rocks in the Tianshan, Northwestern China[J]. Geological Society of America Bulletin, 116(3):419-433.

鄂西北青木沟钒矿床地质地球化学特征及富集规律

王婧薇,任 明

(河南省有色金属地质矿产局第三地质大队 郑州 450016)

摘 要:青木沟钒矿床产于南秦岭下寒武统庄子沟组($\epsilon_1 z$)黑色岩系中,该黑色岩系由含碳硅质板岩、含碳硅质板岩夹泥岩、含硅粉砂质板岩和泥质岩等组成。钒矿体呈层状产出,矿石以黑色含碳硅质板岩夹泥岩为主。钒矿体受晚寒武世古隆起边缘断陷滞留盆地中形成的黑色岩系控制,成矿物质主要来源于深部热水,缺氧环境对有机质的发育、降解、保存、转化提供了必要条件,泥质岩特有的吸附性能对钒的富集具有重要作用。综上认为该矿床为热水喷流生物化学沉积成因。

关键词:青木沟钒矿;矿床特征;矿床地球化学特征;矿化富集规律;鄂西北

0 引言

南秦岭发育下寒武统黑色岩系,其中鄂西北已发现大桑树—何家曼、田家河—大柳等一系列中、大型钒矿床。对于该黑色岩系成因以及有关矿床成矿规律已有多人进行过相关研究。青木沟钒矿是河南省有色金属地质矿产局第三地质大队于21世纪初在南秦岭黑色岩系中发现的大型钒矿床,对其矿化特征及富集规律的研究不仅对丰富黑色岩系有关矿床成矿理论研究具有重要的理论意义,而且对该区域黑色岩系找矿具有重要的现实意义。

1 区域成矿地质背景

矿区大地构造位置处于南秦岭加里东—印支褶皱带中段,南与武当地块、东与陡岭地块毗邻(图1)。南秦岭褶皱带地质构造演化过程是秦岭造山带造山过程的一个重要组成部分,在经历中元古代武当时期陆间裂陷槽原生优地槽演化阶段后,于新元古代开始转化为再生地槽,并于中三叠世末地槽抬升封闭,进入陆台演化时期。

区域广泛发育前寒武纪变质火山—沉积岩系和古生代海相沉积岩系,均经历了绿片岩相的区域变质作用。变质火山—沉积岩系指中元古界武当岩群变质基性、酸性双峰式火山—沉积岩系和新元古界南华系—震旦系变细碧角斑质火山—沉积岩系,它们均反映出拉张环境下的陆间裂陷槽和陆缘裂谷式岩浆岩建造和沉积岩建造基本特征。

湖北沉积型钒矿床皆赋存于早古生界下寒武统底部的黑色岩系中,寒武系在区域内广泛分布,以鄂西北地区出露较为完整,沉积类型多样,其岩性横向变化较大。这一构造现象主要为区内主体构造的香炉山—南化塘北北东向左行剪切构造的强烈叠加改造所致。一方面造成构造线展布方向发生局部性变

作者简介:王婧薇(1991—),女,大专,助理工程师,主要从事地质勘查等方面的工作。E-mail:78998958@qq.com。

异,另一方面使含矿地层形态复杂化,也不同程度地破坏了含矿地层的连续性,成为钒矿化富集或分散的重要地质因素之一,青木沟钒矿床位于鄂西北下寒武统底部的含矿黑色岩系北部(图2)。

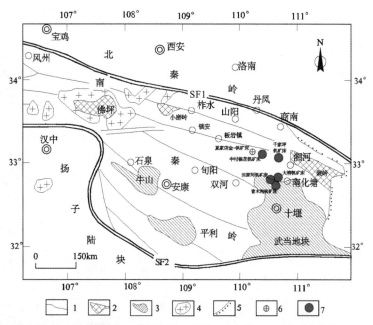

SF1-商丹缝合带;SF2-勉略缝合带;1-推覆断层;2-结晶基底岩块;3-过渡性基底岩块;4-花岗岩;
5-不整合界线;6-金-钒矿床;7-钒矿床。

图1 南秦岭区域构造简图

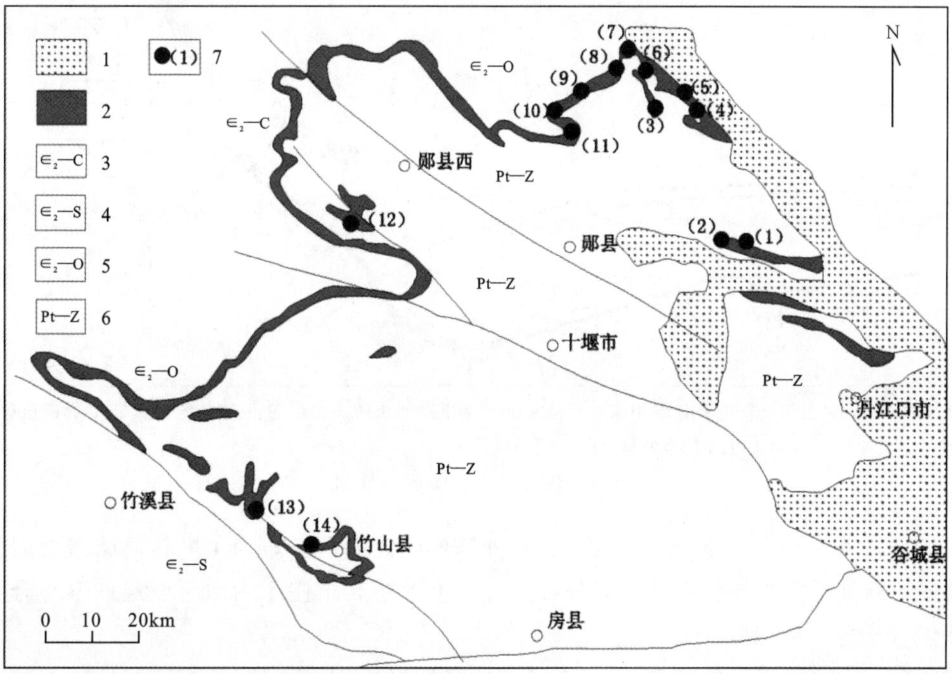

1-白垩系—第四系;2-寒武系杨家堡、庄子沟组含钒矿岩系;3-寒武系—石炭系;4-寒武系—志留系;5-寒武系—奥陶系;6-元古宇—震旦系;7-矿产地及编号。(1)丹江口市杨家堡钒矿(2)丹江口市王家沟钒矿(3)郧县杜家沟钒矿(4)郧县青马池钒矿(5)郧县董坪钒矿(6)郧县郭沟钒矿(7)郧县大桑树钒矿(8)郧县何家曼钒矿(9)郧县大柳沟钒矿(10)郧县田家河钒矿(11)郧县青木沟钒矿(12)郧西县万河钒矿(13)竹山县四颗树钒矿(14)竹山县田家坝钒矿。

图2 鄂西北钒矿床分布及黑色岩系分布图

2 矿床地质

2.1 矿区地质

青木沟钒矿床大地构造位置处于秦岭褶皱系南秦岭印支褶皱带金鸡岭复向斜庙川—大柳褶皱束乌龙寺复式向斜的东部扬起端,隶属于秦岭地层区十堰-随枣地层分区两郧小区,区域构造线总体呈北西-南东向展布。

矿区出露地层为上震旦统灯影组(Z_2dn)、下寒武统庄子沟组($\epsilon_1\hat{z}$)、中寒武统岳家坪组(ϵ_2y)及上寒武统—中奥陶统石瓮子组[($\epsilon_3-O_2)\hat{s}$]。由于震旦系与寒武系之间的早期顺层滑脱断层的影响,下寒武统庄子沟组(含钒地层)下伏的下寒武统杨家堡组基本缺失。矿区构造线方向总体上呈近东西向,但经大比例尺地质测量发现,矿区北、东部岩层走向呈北东向,向北西向倾斜(图3)。

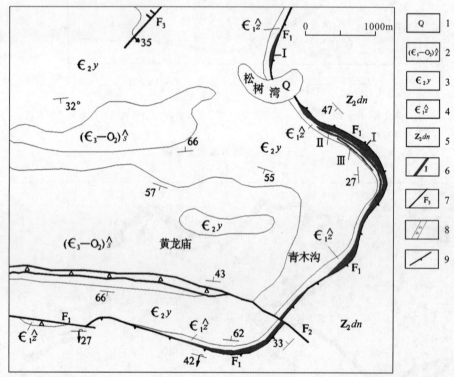

1-第四系;2-上寒武统—中奥陶统石瓮子组;3-中寒武统岳家坪组;4-下寒武统庄子沟组;5-上震旦统灯影组;6-钒矿层位置及矿体编号;7-断层位置及编号;8-碎裂岩带;9-顺滑断层(°)。

图3 青木沟钒矿床地质简图

灯影组(Z_2dn)为一套以白云岩、细晶白云岩、砂砾屑状泥晶白云岩为主的镁质碳酸盐岩沉积建造,作为含矿层的下伏地层呈半环状在其外侧分布。与上覆下寒武统庄子沟组呈断层和不整合接触关系,缺失杨家堡组硅质岩。

庄子沟组($\epsilon_1\hat{z}$)为本矿区的赋矿地层,庄子沟组受地层控制,产状与地层产状一致,呈环带状展布于矿区,出露宽度在0～110m不等。庄子沟组总体为一套碳、硅、泥、碳酸盐岩组合,受早期伸展滑脱构造及后期挤压逆冲推覆构造的影响,含矿岩系局部地段发生缺失或部分缺失现象,在矿区北部的松树湾一带含矿岩系断续缺失近800m。与上覆中寒武统岳家坪组呈整合接触或不整合接触。庄子沟组赋矿地层有机碳含量较高,为较典型的黑色岩系,按照岩性组合可进一步划分为5个岩性段,其中1、2岩性段是钒矿富集层位。其层序自下而上为:

(1)硅质板岩、含碳硅质板岩、含碳硅质板岩夹泥质岩以及硅质板岩与泥质、粉砂质页岩互层,为区内主要赋矿层位,该层上部常见直径在5～40mm之间的含磷结核,局部富集。含矿层厚度为5.6～27.8m。

(2)含硅碳质板岩、含硅质粉砂质板岩、含硅质碳质板岩、粉砂质板岩夹薄层硅质板岩,为区内赋矿层位,该层下部常见直径在10～50mm之间的含磷结核,局部富集。厚度为3.6～16.9m。该钒矿层主要与碳质、硅质有关,单纯的粉砂质、碳质板岩含矿性较差,品位也不稳定。

(3)杂色粉砂质板岩、含碳粉砂质板岩,厚度为2.9～6.3m,含V_2O_5 0.50%～1.25%。该钒矿层主要与碳质有关,单纯的粉砂质板岩含矿性较差,而含有碳质的钒矿层的V_2O_5品位较好,但是品位不稳定。

(4)含硅质泥质板岩、泥质页岩夹薄层硅质板岩,厚度为1.5～5.6m。该钒矿层主要与硅质有关,钒矿层的出露不稳定。

(5)杂色泥质岩、含碳硅泥质岩、含碳千枚岩,厚度为2.1～4.7m。该钒矿层主要与碳质、硅质有关,钒矿层出露不稳定。

岳家坪组($\epsilon_2 y$)岩性为深灰色中厚层状细晶白云岩、浅灰色厚层状细晶白云岩及浅灰白色中厚层微粉晶白云岩,分布于矿区庄子沟组上部,与庄子沟组呈环带状共同构成乌龙寺-青木沟向斜的两翼,岳家坪组总厚度在510～1100m之间,与下伏庄子沟组呈整合接触或不整合接触。

石瓮子组[$(\epsilon_3-O_2)\hat{s}$]岩性为灰色—灰黑色粉晶-细晶灰岩、灰色—深灰色中、厚层条带状白云质灰岩,呈透镜状分布于矿区中部,出露宽度在150～1200m之间。

2.2 矿体(层)特征

含钒矿体主要赋存于下寒武统庄子沟组($\epsilon_1 \hat{z}$)中,为一套浅变质硅质板岩、硅质板岩夹薄层泥质岩、硅质板岩与粉砂质板岩互层、含硅粉砂质板岩、杂色泥质岩等黑色碳、硅、泥质建造。庄子沟组为本区乃至区域上的含钒岩系,含钒层位呈层状、似层状产出,与地层产状一致,含矿层断续控制长度8400m,宽度10～142m。

青木沟钒矿区分别圈出大型钒矿体2个,工程控制长度2720～3630m,矿体平均厚度8.93～12.00m,厚度变化稳定。单工程V_2O_5品位0.70%～1.26%,V_2O_5平均品位0.86%～0.94%。中型钒矿体5个,工程控制长度710～1330m,矿体平均厚度3.79～11.45m,厚度变化稳定。单工程V_2O_5品位0.71%～1.28%,V_2O_5平均品位0.81%～0.85%。

2.3 矿石特征

2.3.1 矿石类型

依据赋矿原岩和化学分析及矿层结构构造,主要矿石类型可划分为硅质板岩型、碳质板岩—粉砂质板岩型、泥质板岩—泥质岩型3种自然类型,以硅质板岩型为主。

2.3.2 矿石成分

通过显微镜观察,矿石中主要矿物为硅质、碳质、有机质和钒云母等。经薄片、光片鉴定及电子探针波谱分析表明:有用矿物主要为钒云母、钙钒榴石、含钒黏土矿物等,其中,云母类矿物中的钒可占矿石中钒总量的50%～80%,含量依不同矿石类型略有变化。脉石矿物主要为硅质、玉髓状石英、绢云母(伊利石)、碳质、白云母、水云母、方解石等。此外,还见少量的磷灰石、磷钇矿、石墨、蒙脱石、闪锌矿、磁铁矿等。

2.3.3 矿石组构

矿石结构、构造主要为鳞片—显微鳞片变晶结构、显微鳞片粒状变晶结构、变余隐晶质结构,次为聚粒状结构、碎裂结构、次生结构及细脉状结构;细脉浸染状构造、板状构造、千枚状构造及斑点状构造。

3 矿床地球化学特征

3.1 主量元素

对青木沟钒矿区含钒矿黑色岩系 31 件样品进行主量元素化学分析,按岩性计算平均值,结果见表 1。从表中可以看出黑色岩系的主元素组成为 SiO_2、Al_2O_3、K_2O、CaO、MgO、Fe_2O_3+FeO,而 Na_2O、P_2O_5 含量低。矿区赋矿岩石类型主要为硅质板岩、碳质板岩—粉砂质板岩、泥质板岩—泥质岩。硅质板岩类成分以 SiO_2 为主,其含量一般大于 83%,其次为 Fe_2O_3+FeO、CaO、Al_2O_3、BaO 等,其他成分所占比例很少;泥质板岩—泥质岩 SiO_2 含量在 44%~72% 之间,其次为 Al_2O_3、K_2O、TiO_2、CaO、MgO、S、P_2O_5、BaO;碳质板岩—粉砂质板岩的成分含量介于硅质板岩与泥质板岩—泥质岩之间。从硅质板岩到泥质岩,岩石中 SiO_2 含量明显降低,Al_2O_3、Fe_2O_3+FeO、CaO、MgO、P_2O_5、V_2O_5 则明显升高。根据化学分析结果,V_2O_5 明显趋向在硅质板岩所夹的泥质有机物或硅质岩附近的泥质岩有机物中富集。

$n(SiO_2)/n(Al_2O_3)$ 值是区分岩石物源的重要标志,一般陆壳值中 $n(SiO_2)/n(Al_2O_3)$ 值为 3.6,与此比值接近的岩石其物源应以陆源为主,超过此值的则多是由于生物或热水作用的补充。青木沟钒矿区矿石 $n(SiO_2)/n(Al_2O_3)$ 值:泥质岩平均为 6.44,泥质板岩平均为 12.82,碳质板岩—粉砂质板岩平均为 7.42,硅质板岩平均为 225.41(表 1)。泥质岩 $n(SiO_2)/n(Al_2O_3)$ 值较低,说明其为陆源;泥质板岩、碳质板岩—粉砂质板岩 $n(SiO_2)/n(Al_2O_3)$ 值较高,具陆源与热水作用混合特点;硅质板岩 $n(SiO_2)/n(Al_2O_3)$ 值远大于陆壳值 3.6,说明其主要为生物或热水作用的结果。

表 1 青木沟钒矿床矿石主量元素分析结果及特征参数比值

矿石名称(样数)	硅质板岩(7)	碳质板岩—粉砂质板岩(6)	泥质板岩(15)	泥质岩(3)
SiO_2(%)	92.64	64.38	64.02	59.13
Al_2O_3(%)	0.58	8.29	8.23	9.86
K_2O(%)	0.15	3.43	1.65	5.62
Na_2O(%)	0.06	0.05	0.04	0.05
CaO(%)	1.07	1.12	1.66	4.36
MgO(%)	0.30	1.42	3.90	3.91
FeO(%)	0.51	0.18	0.36	0.33
Fe_2O_3(%)	1.16	1.93	6.27	4.50
MnO(%)	0.01	0.01	0.01	0.02
TiO_2(%)	0.02	0.35	0.29	0.75
C(%)	2.55	7.98	0.54	3.84
S(%)	0.33	1.05	1.08	0.32
P_2O_5(%)	0.08	1.71	1.03	0.08
BaO(%)	0.51	0.48	1.12	1.24
V_2O_5(%)	0.78	0.95	0.56	0.21
$n(SiO_2)/n(Al_2O_3)$	225.41	7.42	12.82	6.44
$n(Al_2O_3)/n(Al_2O_3+Fe_2O_3+Mn)$	0.22	0.60	0.57	0.56
$n(SiO_2)/n(SiO_2+Al_2O_3+Fe)$	0.96	0.83	0.77	0.76
$n(Al_2O_3)/n(Al_2O_3+Fe_2O_3)$	0.35	0.60	0.57	0.67

3.2 微量元素

矿区微量元素分析结果见表2,矿层主要富集TFe、Ba、Zn、P、Cu、Ni、Cr、Sr、Zr、Ag、Ti、Mn、V等多种元素,其中TFe、P、Sr、Zr、Ag、Ti在泥质板岩和泥质岩中最高,碳质板岩—粉砂质板岩中次之,硅质板岩含量最少。

表2 青木沟钒矿床矿石微量元素分析结果及特征参数比值

矿石名称(样数)	硅质板岩(7)	碳质板岩—粉砂质板岩(6)	泥质板岩(15)	泥质岩(3)
TFe($\times 10^{-6}$)	0.96	1.50	4.71	3.35
Co($\times 10^{-6}$)	5.12	5.00	16.93	9.50
Ni($\times 10^{-6}$)	59.38	56.00	544.76	50.00
Cu($\times 10^{-6}$)	128.38	69.50	687.76	30.50
Zn($\times 10^{-6}$)	246.00	176.00	2015.47	149.50
Cr($\times 10^{-6}$)	151.00	126.50	1023.56	66.50
Sr($\times 10^{-6}$)	55.88	57.50	453.41	165.50
Zr($\times 10^{-6}$)	32.50	48.00	69.80	87.00
Ba($\times 10^{-6}$)	4 860.60	2 606.55	11 399.30	13 642.10
Th($\times 10^{-6}$)	0.49	5.70	5.21	10.25
U($\times 10^{-6}$)	4.51	32.00	30.61	3.70
P($\times 10^{-6}$)	238.75	304.50	4 523.59	348.50
Ti($\times 10^{-6}$)	117.13	1 827.00	1 578.35	3 435.00
Ag($\times 10^{-6}$)	11.98	14.00	19.14	16.65
Mn($\times 10^{-6}$)	518.13	59.50	112.29	222.50
$n(V)/n(Cr)$	8.70	30.86	15.64	5.92
$n(V)/n(V+Ni)$	0.91	0.99	0.90	0.88
U/Th	9.20	5.61	5.88	0.36

在研究黑色岩系时,通常选定$n(V)/n(Cr)$、$n(V)/n(V+Ni)$等值作为沉积古氧化还原的微量元素指标。矿区硅质板岩型钒矿石$n(V)/n(Cr)$值为8.70,碳质板岩—粉砂质板岩型钒矿石为30.86,泥质板岩型钒矿石为15.64,泥质岩型钒矿石为5.92。硅质板岩型钒矿石$n(V)/n(V+Ni)$值为0.91,碳质板岩—粉砂质板岩型钒矿石为0.99,泥质板岩型钒矿石为0.90,泥质岩型钒矿石为0.88。含矿岩系整体表现为缺氧沉积环境。

在U-Th关系方面,正常沉积岩U/Th<1,热水沉积岩U/Th>1。矿区测试样品中,下伏震旦系灯影组白云岩、上覆岳家坪组白云岩U/Th值小于1,为正常沉积;矿层中黑色岩系各岩类U/Th值均大于1,则为热水沉积(图4)。

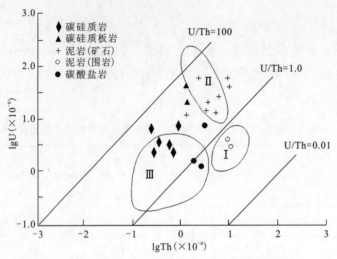

Ⅰ-正常远洋沉积;Ⅱ-太平洋隆起沉积;Ⅲ-古热水-喷溢沉积。

图 4 黑色岩系各类岩、矿石 U-Th 关系图

3.3 生物化学作用

黑色岩系的主要特点为富含有机质,它代表缺氧的沉积环境。区内钒的成矿期,正是早寒武世成磷期,但是本区下寒武统黑色岩系中的磷矿质量较差,规模较小,且多呈磷结核或含磷透镜体赋存于硅质板岩上部和碳质板岩、粉砂质板岩的下部。钒矿石中的磷质(P_2O_5含量 0.28%~0.62%)表明,当时气候温暖,水体营养度高,水生生物产率高,有大量低等生物出现,在磷结核中有时可见到二射硅质海绵骨针便是佐证。而在缺氧环境中,钒在有机质中优先被吸收。由此可见,生物化学作用无论是对碳质板岩、磷结核还是对钒矿层的富集都起着主导作用,为钒矿床有机成因成矿的重要标志。

钒和铝都是典型的亲氧元素,二者和氧都具有较强的亲和力,因此很容易形成高价氧化物。由此认为,在海水中聚集或分散有大量的钒质,被浮游的藻类生物吸收或吸取,当生物死亡后便沉积下来,同时陆源泥质黏土物在悬浮搬运过程中也因吸附海水中部分钒质而沉积。到成岩阶段,随着物化环境的改变,泥质黏土转变为伊利石(水云母),从生物体中释放出来的钒质和黏土物吸附的钒质便进入有机质参与成矿作用。

4 矿化富集规律及矿床成因分析

4.1 矿化富集规律

钒矿体赋存于下寒武统庄子沟组硅—碳—泥质沉积序列中,且其相带较宽、发育完整时,预示可能富集大而富的钒矿床。钒在地层柱中的富集呈现明显的规律性,自下而上在硅质板岩的上部和碳质板岩—粉砂质板岩的下部不规则赋存有磷质结核过渡层,通过化学分析可知 V_2O_5 与 P_2O_5 具有正相关关系(图5),所以灰色磷质结核富集地段,其 V_2O_5 含量就高且稳定,向上向下品位降低。

硅质板岩与泥质黏土质有机物交替形成互层状沉积,通过对探矿工程取样化验分析,黑紫色薄层硅质板岩(纯)含钒甚微,V_2O_5 含量只有 0.07%~0.41%,一般不超过 0.5%,个别样品最高 0.66%;而硅质板岩中间之夹层黏土质有机物含 V_2O_5 在 0.60%~4.33%之间,个别高达 5.74%。由此可见,该岩性段 V_2O_5 含量高低取决于后者在矿层内所占比例的多少。

硅质为矿区钒矿的标志岩性,但无论是硅质板岩型、碳质板岩—粉砂质板岩型、泥质板岩—泥质岩型钒矿石,钒富集地段均与硅质有关。特别是碳质板岩—粉砂质板岩型、泥质板岩—泥质岩型钒矿石中,硅质呈薄层状、碎裂状、条带状互层,密集出现时 V_2O_5 的品位相对较高。

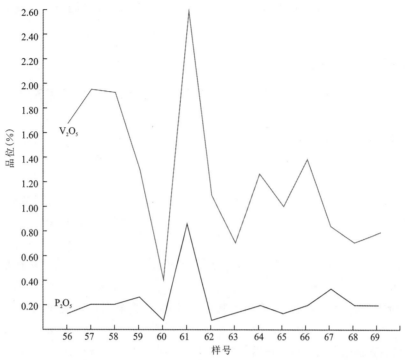

图 5　青木沟矿区 ZK1501 孔 V_2O_5 与 P_2O_5 相关性变化示意图

4.2　矿床成因

南秦岭寒武系普遍含硅质沉积,碳质含量高,属钒的高背景层位。青木沟钒矿床位于南秦岭造山带东段,成矿时代为寒武纪早期,矿体呈层状、似层状产出,含矿层属于地层组成的一部分。含矿的碳、硅、泥质岩性组合夹有少量的沉积成因的重晶石,具热水喷流沉积成因特征。矿区主、微量元素以及 Si、O 同位素地球化学特征亦说明硅质岩为热水沉积成因。

黏土矿物对金属离子具有强烈的吸附性能,成为聚集金属元素的重要因素。碳质对金属离子的吸附对钒的富集成矿也有一定贡献。来自海洋深部的含 V 的喷流成矿物质进入海水中后,来自陆源的细粒泥质沉积物对其产生强烈的吸附作用。钒与有机质的关系不仅表现在海生生物躯体内钒的富集,更重要的还在于生物有机残骸的腐解造成剧烈的还原且富含 H_2S 的水底环境,促使钒的沉积和富集。随着构造体制的变化,海进、海退交替进行,硅质(伴有成矿元素 V)、黏土质及含碳黏土物质的交替沉积,形成硅质岩夹泥岩型钒矿石。随着硅质沉积的结束,滞留于海水中的 V 等成矿元素被后续泥质物吸附沉积于碳硅质层之上,形成粉砂质、泥质岩型钒矿石。综上所述,青木沟钒矿区成因类型应属于半深海断陷滞流盆地热水喷流生物化学沉积成因钒矿床。

5　结论

(1)青木沟钒矿床产于南秦岭下寒武统庄子沟组黑色岩系中,庄子沟组为一套硅、碳、泥岩建造,夹有不稳定的少量的层状重晶石,主、微量元素及特征参数比值说明黑色岩系为深水—半深水缺氧沉积环境,硅质岩为热水沉积成因,泥质岩为正常沉积。

(2)矿床地质特征为钒矿体呈层状、似层状产出,平均厚度 3.79～12.00 m,V_2O_5 平均品位 0.81%～0.94%;矿石类型主要为含碳硅质板岩型钒矿石。钒矿物主要以类质同象的形式赋存于钒云母中。

(3)钒矿床受古隆起边缘断陷盆地中形成的黑色岩系控制。矿化富集与黑色硅质岩相关,钒在地层柱中的富集呈现明显的规律性,自下而上在硅质板岩的上部和碳质板岩—砂质板岩的下部不规则赋存有磷质结核过渡层,以磷质结核过渡部位为富矿标志,V_2O_5 含量较高,向上向下品位均有所降低。钒矿(化)体始终与碳质、硅质岩层相随,碳质、硅质岩层上部泥质岩中也有矿化,如果不含碳质、硅质岩层,泥质岩层就不含矿。这一特征反映成矿物质来源于热水沉积,与碳质、硅质同源。泥质岩的吸附作用是钒富集的主要因素。

主要参考文献

陈孝红,汪啸风,2000.湘西地区晚震旦世—早寒武世黑色岩系的生物和有机质及其成矿作用[J].华南地质与矿产(1):16-23.

冯彩霞,刘家军,2001.硅质岩的研究现状及其成矿意义[J].世界地质,20(2):119-123.

高常林,何将启,1999.北大巴山硅质岩的地球化学特征及其成因[J].地球科学(中国地质大学学报),24(3):246-249.

候俊富,2008.南秦岭下寒武统黑色岩系中金-钒成矿特征及成矿规律[D].西安:西北大学.

刘光昭,伊华峰,刘玉峰,等,2008.湖南下寒武统黑色岩系中的钒矿床[J].地质与资源(3):194-201.

徐跃通,1996.浙江西裘晚元古代层状硅质岩热水沉积地球化学标志及其沉积环境意义[J].地球化学,25(6):600-608.

张复新,王立社,侯俊富,2009.秦岭造山带黑色岩系容矿的金属矿床类型与成矿系列[J].中国地质,36(3):695-705.

张爱云,吴大茂,郭丽娜,等,1987.海相黑色页岩建造地球化学与成矿意义[M].北京:科学出版社.

朱丽英,1983.早古生代高变质藻煤的煤岩特征及其地质意义[J]地质论评,29(3):245-261.

水工环地质

新时期河南省矿山地质环境治理工作理念与模式思考

高小旭[1,2],张文培[1,2],陈 阳[1]

(1.河南省自然资源监测和国土整治院,河南 郑州 450016;2.河南省地质灾害防治重点实验室,河南 郑州 450016)

摘 要:河南省矿山地质环境治理项目经历了起步阶段、快速推进阶段、优化调整阶段和理念提升阶段,取得了良好的成效。总结以往项目实施过程发现,目前主要存在以下几个方面问题:以往治理工程大部分为点源性治理,整体性与系统性不足;治理内容较为局限,缺乏基础性调查研究;过度采取人工干预措施;治理资金投入仍然不足。针对以上问题,对矿山治理工作理念和生态修复的3个模式进行了探讨,对新时期河南省矿山地质环境治理工作提出有关建议。

关键词:矿山地质环境治理;生态保护修复;治理理念与模式

0 前言

河南省矿产开发历史较长,小矿多、分布广、开发强度大,存在着不同类型的矿山地质环境问题(杨士海和王西平,2013)。矿山地质环境治理是一个复杂的工作,要消除地质灾害、解决地质环境破坏、水土流失、生物多样性丧失、土地损毁等多种生态问题,所以要采取地貌重塑、土壤重构、植被重建、景观重现、生物多样性重组等多种措施,统一规划、整体实施地质环境恢复治理、水土保持、土地复垦等,因地制宜复垦利用,才能恢复和提升矿区生态功能。

我国高度重视生态文明建设,习近平总书记提出了"绿水青山就是金山银山"的科学论断,强调"保护生态环境就是保护生产力,改善生态环境就是发展生产力",倡导"山水林田湖草沙是生命共同体"的生态系统完整性理念。

1 河南省矿山地质环境治理

1.1 取得的成果

河南省矿山地质环境保护与恢复治理成效显著,新建和生产矿山主体责任进一步落实,做到了"边开采、边治理"。2005—2008年河南省实施矿山地质环境治理工程项目约200项(吕志涛和韩书记,2009)。截至2015年底,全省从事采矿活动的矿山共2608个,包括大型153个、中型256个、小型1443个、小矿756个(杨军伟等,2017)。

"十三五"以来,河南省共完成矿山地质环境治理面积45.3万亩(1亩≈666.67m^2),其中生产矿山

作者简介:高小旭(1991—),男,助理工程师,硕士研究生,主要从事地质环境、生态环境调查评价及监测等方面工作。

19.1万亩,历史遗留矿山26.2万亩。逐步由点源性的治理趋向于连片式面积性治理。近年来组织实施南太行地区山水林田湖草生态保护修复工程、京津冀周边及汾渭平原历史遗留工矿土地整治项目、黄河流域废弃矿山治理项目等一批重大生态保护修复工程,取得了很好的效果。其中,南太行工程按照"一山一渠两流域"的总体布局,采取修山、治水、护渠、整地、复绿、增湿等措施,实施矿山环境治理、水生态环境治理、生态系统保护、土地整治与污染修复、科技创新五大类53项工程249个子项目,总投资63亿元。截至2020年,河南省完成矿山地质环境治理面积3万hm^2,土地整治新增耕地面积达到7.87万hm^2,建设高标准农田面积达到260万hm^2。农村人居环境明显改善,城镇生态空间持续增加,生态保护和修复工作取得了显著成效。

统筹推进国土开发、保护与治理的新模式。严格贯彻"山水林田湖草是生命共同体"重要理念,开创打造美丽中国"河南样板"生态治理新局面。以绿为底,探索形成河南省全域生态、经济社会协调发展新模式,建设山水林田湖草沙综合治理先行示范区。

1.2 存在的问题

近年来,河南省矿山地质环境治理工作中存在的主要问题为整体性与系统性不足;治理内容较为局限;过度采取人工干预措施;治理资金投入仍然不足等。

(1)整体性与系统性不足。以往治理工程大部分为点源性治理,忽视了面上综合整治与恢复;有些治理工程设计与生态环境现状结合不够密切,对矿山环境的整体生态保护与修复考虑不够全面,未脱离以前矿山地质环境治理的理念,部分项目工程化;有的规划不系统,由无相互关联的各单项工程拼盘而成,缺乏科学合理的生态修复规划,随便撒点草籽,"夏天绿"就算恢复了(白中科,2021);设计考虑不够全面,在进行水土流失防治设计的同时,未考虑水生态系统完整性修复等。为了提升矿山地质环境恢复治理效果,需要合理设立矿山地质环境监测点,做好定期环境监测工作,特别注意雨季环境监测工作(邹磊等,2020)。钱挺(2021)也提出要加强矿区整体地质环境监测力度,为后续矿山环境治理的顺利开展推进奠定基础。

(2)治理内容较为局限。受申报时间紧、要求高、任务重等影响,项目申报时部分地区生态本底调查不够,缺乏基础性调查研究,治理区域的生态环境问题尚未完全查明,部分治理项目未进行过勘察设计等工作,隐性矿山问题未得到关注,一定程度上影响项目推进和实施效果。

(3)过度采取人工干预措施。对以自然修复为主的项目,仍然过度采取人工干预措施,进一步破坏了原来的生态环境。要避免过多的人工干预,坚决反对各种华而不实的盆景项目和形象工程。

(4)治理资金投入仍然不足。目前已实施的矿山地质环境治理工程资金投入依然不足。大多数的矿山地质环境治理工程实施方案编制都是先对现场进行调查再按相关规范进行布置分项工程和项目投资费用。但项目审批后的资金多数为原预算的一半,甚至还要更少,导致多数治理工程只完成一部分,不能满足矿山地质环境治理工程总体规划(徐振英和赵振杰,2020)。要建立矿山地质环境治理恢复基金,推动生产建设矿山生态修复(刘向敏和余振国,2022)。

2 生态保护修复科技创新路径与方法

2.1 保护修复的系统理念

《生态文明体制改革总体方案》树立了"山水林田湖草"是一个生命共同体的理念,保护修复工程的开展须按照生态系统的整体性、系统性及其内在规律,统筹考虑自然生态各要素。需要统一明确实施的原则、方法、程序、内容和要求,以便有效规范山水林田湖草沙一体化保护和修复工程实施质量,进而增强国土空间不同类型生态系统的循环能力,维护生态平衡。

2.2 自然修复与人工修复的协同

自然修复或被动恢复是指不依靠人工干预或以最小化的人工干预措施达到生态恢复的目标;人工修复或主动修复是指依靠人工干预或诱导达到生态恢复的目标(白中科,2022)。不能对受损生态系统完全推倒重来或完全任其自然恢复,在实施过程中要通过人工支持引导来促进受损生态系统的自然修复,加快修复速度。

生态修复不仅要使生态系统恢复其固有的自然生态系统服务价值,而且要有所提升,达到更高层级的生态平衡,为人类提供更多的生态产品。因此,人工支持引导生态系统自然修复就显得尤为重要(侯晋领和崔淑贤,2012)。

2.3 基于自然解决方案的本土化方案应用

河南省生态修复的主旋律为基于自然解决方案的本土化方案应用,以生态环境保护为前提,将维护生物多样性和生态系统服务作为基础性任务。但由于本底条件不同,基于自然解决方案的适用范围和模式也不相同。

自然修复的本质是尽可能减少人工干预,但这并不等于放任不管(白中科,2021)。应考虑河南省本土化生态保护修复的差异性,从生态安全角度出发,以生态系统综合管理为手段,以消除最大的生态胁迫性因子为基础,强化生态系统的自然更新。这样既能缩短实现生态修复所需的时间,还能增加生态系统的稳定性,促进自然生态系统质量的整体改善和生态产品供应能力的全面增强。

全面诊断生态问题,制订适宜本区域自然环境的保护修复目标,优先选择适宜本地的修复措施、技术。原则上使用本地物种,不使用未经引种试验的外来物种,或经引种试验有生态风险的外来物种。按照植被地带性分布规律,遵循以水定绿、量水而行的原则,避免大规模使用单一物种。

2.4 生态修复的原则

2.4.1 生态修复优先原则

应以恢复生态系统功能和修复生物多样性为出发点和重点,采取生态措施达到改善环境质量的目的。

2.4.2 生态廊道构建原则

通过修复河道、湖边和山体等生态廊道,打通生境片断,恢复生物迁移通道,增强整体生态系统的连通性与稳定性。

2.4.3 小生境优先原则

应对已有的自然植被、地势地貌、水系等生态要素充分保护,在此基础上进行适度修复和补充。重点在于修复一系列小生境,促进生态连通性。

2.4.4 长效机制保障原则

通过立法、规划、经费投入等手段建立长效管理机制,加强日常监督管理,确保生态修复效果得到长期保持与发挥。

2.4.5 坚持系统修复,形成整体合力

切实以系统工程和全局角度引领保护修复,综合考虑区域自然地理单元的整体性和连续性,森林、湿地、河湖、农田、城镇五大生态系统的完整性和关联性,自然生态各要素和国土空间布局,以及生态网络构建,推进整体保护、系统修复、区域统筹、综合治理。正确处理受损区修复治理与保护区自然恢复保护保育的关系,建立健全长效管护机制,不断提高自然资源管理水平。高度重视生物多样性,提升生态环境质量(赵亚杰,2022)。

3 矿山生态修复的3个模式

3.1 常规复绿模式

这是河南省最常见的生态修复模式,优点是成本较低,能够快速地实现生态恢复,适用于场地较小且边坡相对稳定的矿山。但是,这种模式的缺点也很明显。由于资金投入有限,复绿往往是大面积采用种植侧柏、撒播草籽等绿化工程,修复后产出的效益有限,对当地经济、社会和生态环境的带动性较小。

3.2 利用废弃资源修复模式

目前河南省对矿山地质环境治理工程资金投入依然不足,项目审批后的资金往往低于原预算的一半,需要地方匹配资金。可以通过出售废弃石料及尾矿来解决项目资金来源问题。利用废弃资源修复模式的重点是资源处置权,充分利用当地县级公共资源交易平台,将矿山修复过程中产生的废土石料和对于合理削坡减荷、消除地质灾害隐患等新产生的土石料及原地遗留的土石料,河道疏浚产生的淤泥、泥沙,以及优质表土和乡土植物纳入对外销售,销售收益全部用于地区生态修复,保障社会投资主体的合理收益。

3.3 1+N综合产业开发修复模式

1+N综合产业开发修复模式是托矿山本身的自然和人文特点,在进行矿生态修复治理的同时,注重打造自然生态景观。南阳独山玉国家矿山公园、焦作缝山国家矿山公园、上海佘山世茂洲际酒店等都是比较好的案例,融丰富的自然景观与人文景观于一体,生态效益、经济效益和社会效益相统一,取得了良好的效果。

1+N综合产业开发修复模式要注意自然资源资产使用权以及落实好最严格的耕地保护制度,通过公共私营合作制(public-private-partnership,PPP)等模式引入社会资本开展生态保护修复。

4 结论

针对河南省矿山地质环境治理工程中存在的整体性和系统性不够、部分项目工程化的问题,在新时期矿山地质环境治理时要更加注重"整体保护、系统修复、综合治理"的理念,强调面上综合治理、统筹管理推进机制,优选基于自然解决方案的生态保护措施。根据不同地区的实际情况,优化修复模式。

新时期矿山地质环境治理主要考虑3方面内容:一是工程实施地点选择在哪儿更合适,二是工程怎么实施更科学,三是保障实施效果。所以,要夯实工作基础,开展精细化基础性调查研究(李玉倩和王德利,2017)。统筹考虑当地的人口状况、居民生活习惯和文化传统,充分征求管理者、规划者、设计者、实施者、管护者,特别是当地群众和有关部门意见,综合运用生态、动植物、农林园艺、土壤、工程、规划设计和自然资源管理等多学科多领域知识,共同研究保护修复目标和内容,制订实施方案、规划设计、保护修复技术措施等,参与或协作施工、监测、管护等生态保护修复活动。

主要参考文献

白中科,2021.国土空间生态修复若干重大问题研究[J].地学前缘,28(4):1-13.

白中科,2021.生态优先绿色发展:生态文明理念下的国土空间生态保护与修复[J].自然资源科普与文化(3):4-11.

白中科,2022.关于国土空间一体化生态保护修复的若干思考[J].中国土地(8):9-12.

侯晋领,崔淑贤,2012.山东蒋庄煤矿矿山地质环境治理工作模式及成效[J].中国地质灾害与防治学报,23(1):107-110.

李玉倩,王德利,2017.新常态下矿山地质环境的生态修复[J].中国资源综合利用,35(5):69-71.

刘向敏,余振国,2022.矿山地质环境治理恢复基金制度研究[J].中国国土资源经济,35(1):35-42.

吕志涛,韩书记,2009.浅谈河南省矿山地质环境保护与治理恢复现状[J].地下水,31(6):152-153.

钱挺,2021.矿山地质环境治理现状及变化策略探讨[J].冶金管理(21):98-99.

徐振英,赵振杰,2020.京津冀周边及汾渭平原(河南省)废弃矿山地质环境治理及生态修复研究[J].环境与发展,32(12):225-226.

杨军伟,李兰,成玉祥,等,2017.河南省矿山地质环境保护与治理研究[J].中国锰业,35(4):139-143.

杨士海,王西平,2013.河南省矿山地质环境问题治理对策研究[J].中国国土资源经济,26(10):11-14.

赵亚杰,2022.我国矿山环境恢复生态治理存在的常见问题及对策探析[J].世界有色金属(21):178-180.

邹磊,王璐,兰文达,2020.矿山地质环境恢复治理工作新模式[J].中国金属通报(3):248-249.

豫北平原水化学组分变迁分析

王邦贤,王玉海

(河南省第五地质勘查院有限公司,河南 郑州 450001)

摘 要:豫北平原地质时期黄河多次变迁,河道纵横,受沉积环境和气候影响,高砷、高氟、高锰等原生劣质地下水分布广泛。为研究豫北平原区地下水资源水质分布规律,加强地下水利用和污染防治,开展了黄河北部平原水化学组分变迁分析工作。区内地下水中的 Na^+、HCO_3^-、Cl^- 和 SO_4^{2-} 在地质和人类活动的双重影响下,水化学组分经过多期次迁移演变,Na^+、Cl^-、SO_4^{2-} 等离子在部分区块浓缩富集,高值区集中分布在黄河下游的濮阳市,HCO_3^- 高浓度区域集中分布在黄河上游的新乡市和下游的濮阳市。在地质和人类活动的双重影响下,区域地下水的水化学类型由 $HCO_3(SO_4)$-Na 型逐渐向 $HCO_3(SO_4·Cl)$-Na 型转变。利用 Piper 三线图结合各离子含量的比值变化关系分析区域水化学基本特征和水-岩相互作用,推演区内地下水水化学组分迁移演变过程,发现区内深、浅层地下水水化学类型无明显差别,区域水化学变迁主控因素为水-岩交互作用,蒸发浓缩其次。硅酸盐的溶解和阳离子交换作用对地下水中的 Na^+ 的含量也产生重要影响。可溶性盐分主要来源于蒸发盐岩的溶解和硅酸盐矿物风化水解,受碳酸盐岩风化作用影响较小。

关键词:平原地下水;水化学组分;补给源;水-岩作用;演化变迁

地下水质量是地下水资源管理的重要属性,是国内外水文地质学者的重要研究内容,通过研究地下水径流条件、滞留时间和运移规律,可探明地下水的来源、运移及水质成因。近年来,国内对地下水水化学研究工作持续增强,如对地下水化学特征和形成演化机制的研究有助于了解地下水环境的演化过程(张春潮等,2021;郑涛等,2021);识别地下水水化学成分的主控因素也是水文地质学的研究热点(张岩等,2017;张振国等,2018)等。豫北平原区分布原生高盐、高氟劣质地下水区,本次研究工作主要集中在同位素溯源、地下水资源评价、污染调查评价、地下水质量评价等方面,对地下水水化学来源、演化规律等认知存在薄弱环节。

以此为背景,通过取样检验、水化学离子统计分析,分析深层水与浅层水之间存在密切水力联系。利用 Piper 三线图结合各离子含量的比值变化关系分析区域水化学基本特征和水-岩相互作用,推演区内地下水水化学组分迁移演变过程、成因机理、控制因素等,为豫北平原区地下水科学开发与污染防治提供科学依据。

1 水文地质概况

研究区位于华北平原南部区域,即河南省境内黄河以北的地区。豫北平原行政区划隶属于焦作市、

作者简介:王邦贤(1975—),男,汉族,河南唐河人,水文地质与工程地质工程师,主要从事水工环地质工作。
E-mail:125375059@qq.com。

新乡市、鹤壁市、安阳市及濮阳市，其西依太行山，以100m等高线为界，南抵黄河，北部、东部分别与河北省和山东省工作区相接为邻，总面积 $1.7864×10^4 km^2$。

豫北平原属半湿润半干旱大陆性季风气候，多年平均气温14.2℃，多年平均降水量583.8mm，最大降水量1 317.4mm（浚县站1963年），最小降水量148.6mm（清丰站2002年），年际降水量变化较大，年极大降水量与极小降水量相差1 065.3mm。区内水面蒸发量1650～2000mm。研究区属黄河下游冲积平原，地势由西南向东北缓倾斜，地面平均坡降1.4‰～2.6‰。区内地下水以松散岩类孔隙水为主，按松散岩类含水层的岩性组合、埋藏及地下水赋存条件，划分为浅层含水层组和深层含水层组。

浅层含水层组：指含水层埋深60～110m的含水岩组，含水层岩性为细砂、粉细砂、中细砂，多层结构，厚度30～60m。区内浅层水富水性中等，单井出水量1000～3000m^3/d，多为 HCO_3-Ca·Mg、HCO_3-Mg·Ca、HCO_3-Ca·Mg·Na型水，矿化度0.5～1g/L。

深层含水岩组：指含水层埋深大于110m的含水岩组，含水层岩性以中细砂、粉细砂为主，厚度40～80m，多层结构。富水性强，单井出水量1000～3000m^3/d，局部地段大于3000m^3/d。多为 HCO_3-Ca·Mg、HCO_3-Mg·Na型水，矿化度小于1g/L。在地域分布上，由西向东水质逐渐变差，局部地段为咸水。深层水埋藏较深，补给条件差。与浅层水水力联系较紧密，可通过浅层水间接接受大气降水的补给。在深层水自流区以垂直方式顶托补给浅层水。

2 水化学特征

2.1 水化学组分及分布特征

2021年3～12月，豫北平原区地下水调查共布设84个水环境监测点位，包括地表水监测点7个，地下水监测点77个。采集水质样品653件，并进行水质全分析。其中，浅层水390组，深层水263组。采集测试同位素样品70件。

豫北平原区浅层地下水中主要离子为 Na^+、HCO_3^-、Cl^- 和 SO_4^{2-}，Na^+ 的浓度范围为30.19～1651mg/L，平均浓度为207.1mg/L；Ca^{2+} 的浓度范围为40.58～350.7mg/L，平均浓度为133.5mg/L；Mg^{2+} 的浓度范围为28.61～481mg/L，平均浓度为99.01mg/L；K^+ 浓度最低，平均浓度为2.1mg/L。总As和总Mn的浓度范围分别为0～111$\mu g/L$，0.01～1.01mg/L；Fe^{2+}平均浓度为0.73mg/L。Cl^- 的浓度为37.74～1737mg/L，HCO_3^- 和 SO_4^{2-} 的浓度范围分别为141.9～803.8mg/L 和18.32～1230mg/L。NO_3^- 和 F^- 的浓度范围分别为1.17～3424mg/L 和0.36～3.85mg/L；Br^- 的平均浓度为153.3$\mu g/L$。

深层地下水中主要离子为 Na^+、HCO_3^-、Cl^- 和 SO_4^{2-}。阳离子中，Na^+ 的浓度范围为57.66～717.1mg/L，平均浓度为204mg/L；Ca^{2+} 和 Mg^{2+} 的浓度范围分别为40.38～445.6mg/L 和49.01～219.2mg/L，K^+ 平均浓度为2.04mg/L。总As和总Mn的浓度范围分别为0～86.09$\mu g/L$和0.06～1.07mg/L；Fe^{2+}平均浓度为0.5mg/L。阴离子中，HCO_3^- 的浓度范围为165.5～780.2mg/L，Cl^- 的浓度范围为45.19～2154mg/L，SO_4^{2-} 的浓度范围为41.51～2197mg/L，Br^- 的平均浓度为159.4$\mu g/L$，NO_3^- 和 F^- 的浓度范围分别为4.89～85.33mg/L 和1.31～2.89mg/L。对比上述数据可知，深层水与浅层水主要水化学离子特征基本相同，离子浓度范围基本重叠，深层水与浅层水之间存在密切的水力联系。

将所采集水样的主要离子含量投影至Piper三线图中发现，水体样本主要以 HCO_3-Na 型为主（图1）。阳离子水样点大多落在阳离子区域的右方和下方，表明水体中 Na^+ 的含量较高，Ca^{2+}、Mg^{2+} 含量相对较低，其中深层地下水和浅层地下水中 Na^+ 的含量较高，Ca^{2+} 含量次之。从阳离子组分来看，区域水体均以 Na 型为主，其次为 Ca 型，阴离子水样点主要分布在阴离子区域的左方，这表示研究区地下水和地表水中 HCO_3^- 占优势，Cl^- 和 SO_4^{2-} 的毫克当量百分比较低。根据溶解性总固体（TDS）浓度的变化可发现，随着TDS浓度的增大，区域地下水的水化学类型由 $HCO_3(SO_4)$-Na 型逐渐向 $HCO_3(SO_4·Cl)$-Na 型转变。浅层水氢氧同位素值较大，与地表水相近，说明浅层水接受地表水的补给。

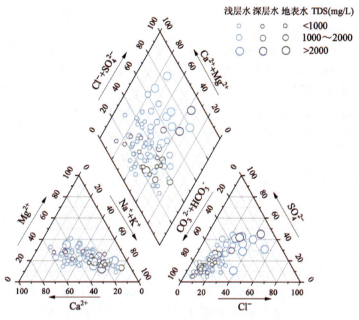

图 1 研究区水化学组分 Piper 三线图

2.2 水化学平面分布特征

根据 TDS 含量将地下水分为淡水(TDS<1g/L)、微咸水(1g/L<TDS<3g/L)、咸水(3g/L<TDS<10g/L)。研究区内 TDS 浓度范围为 477～6758 mg/L,平均值为 1213 mg/L。因此,可以将研究区地下水分为淡水、微咸水和咸水 3 类。

根据水样监测数据,区内地下水 TDS 浓度由黄河上游至下游呈现出递增的趋势(图 2)。区内大部分地下水为淡水和微咸水,基本上覆盖整个研究区。淡水主要集中分布在滑县、原阳县和封丘县一带,

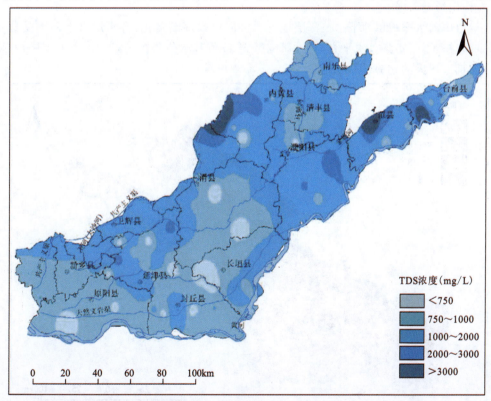

图 2 区域地下水 TDS 含量分布图

微咸水在研究区内有大面积分布,且主要集中在黄河下游一带,如濮阳县、内黄县、清丰县等,在黄河上游卫辉县、延津县也有少量分布。

区域咸水零星分布,在台前县、范县和内黄县存在少数点 TDS 浓度较高。例如 AY049,该点 TDS 浓度高达 6758mg/L,位于安阳市内黄县草坡村,采于当地村民水井内的浅层水,受到人类工程活动影响硝酸盐、硫酸盐等阴离子含量较高,从而使得 TDS 浓度极高;PY069 位于濮阳市台前县的银河加油站,该点存在高浓度的硫酸盐,可能是石油泄露造成该点水样盐组分超标;PY072 位于范县甜水井村,地下水埋深较浅,可能是受到强烈的蒸发浓缩作用使该点 Na^+ 和 Cl^- 浓度增加,从而导致高浓度 TDS。

3 水化学迁移演化

3.1 补给源分析

3.1.1 氢氧稳定同位素特征

本次研究工作以 δD、$\delta^{18}O$ 稳定同位素作为地下水补给、运移示踪剂进行测试。根据测试结果,深层地下水 δD 的范围为 $-73.44‰\sim-65.6‰$,均值为 $-69.87‰$,$\delta^{18}O$ 的范围为 $-10.05‰\sim-9.03‰$,均值为 $-9.45‰$;浅层地下水 δD 范围为 $-72.22‰\sim-54.73‰$,均值为 $-62.81‰$,$\delta^{18}O$ 范围为 $-9.65‰\sim-7.02‰$,均值为 $-8.53‰$;地表水 δD 范围为 $-57.58‰\sim-54.82‰$,均值为 $-56.64‰$,$\delta^{18}O$ 范围为 $-7.72‰\sim-6.95‰$,均值为 $-7.4‰$。

氘盈余参数 d 值($d=\delta D-8\delta^{18}O$)主要受空气相对温度控制,根据以往实验数据,蒸发作用越强,氘盈余值越偏负。该区域深层地下水氢氧同位素 d 值分布在 $4.24‰\sim6.97‰$ 之间,均值为 $5.72‰$,浅层地下水氢氧同位素 d 值分布在 $1.43‰\sim7.93‰$ 之间,均值为 $5.4‰$,二者较接近且相比于全球大气降水平均 d 值(10‰)较小,表明受蒸发影响较大。深层水平均 d 值大于浅层水,表明地下水均受蒸发作用影响,但深层水受蒸发影响略小于浅层水。地表水氢氧同位素 d 值分布在 $-0.58‰\sim4.2‰$ 之间,均值为 $2.57‰$,蒸发作用影响最强。

同位素均值由河水—浅层地下水—深层地下水重同位素逐渐贫化,含水层自下而上受蒸发的影响逐渐增强,重同位素不断富集。水平方向上,研究区 $\delta^{18}O$ 值基本分布在 $-9‰\sim-8‰$ 范围内,由研究区西南部向东北部有增大的趋势(图3)。

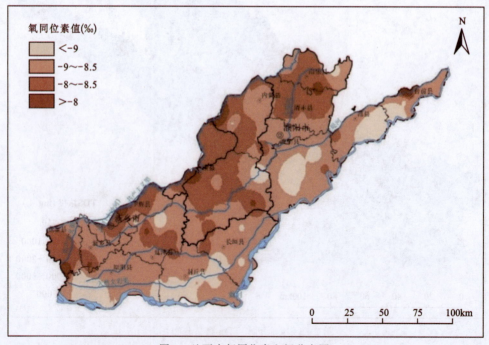

图3 地下水氧同位素空间分布图

3.1.2 区域水体补给来源分析

大气降水中氢、氧稳定同位素 δD 和 $\delta^{18}O$ 之间存在线性关系,用线性方程 $\delta D=8\delta^{18}O+10$ 表示,该方程为全球大气降水的均值线,被称为"全球大气降水线"(GMWL),又称克雷格大气降水线。大气降水的 δD 和 $\delta^{18}O$ 会受到温度、纬度、距海岸距离、高程以及季节的影响。因此,不同地区大气降水的 δD 和 $\delta^{18}O$ 的线性关系与全球大气降水线存在一定偏差。某地区的 δD 和 $\delta^{18}O$ 的线性关系被称为"当地降水线"(LMWL)。选取郑州市大气降水线(LMWL)作为研究区的当地大气降水线。从图4(a)中可以看出,LMWL 斜率为 6.748 8,低于 GMWL,反映了当地干燥的气候,降水过程中存在同位素分馏。监测点水样大部分位于当地大气降水线附近,表明与当地大气降水之间存在着密切的联系,即主要接受大气降水补给。

从图4(a)中可以看出,地表水的氢氧同位素值偏大,拟合出的蒸发线斜率较小,为 2.13,说明其受蒸发作用的影响较大。大部分深层地下水监测点受蒸发影响较小,重同位素较其他监测点相对贫化。部分浅层地下水与地表水的氢氧同位素值接近,说明其与地表水存在水力交替。图中右上角氢氧同位素较大的浅层地下水监测点 PY066、AY057 和 AY049 分别位于金堤河旁和卫河旁,主要接受河水侧向补给,重同位素相对富集。大部分深层地下水的氢氧同位素值与浅层地下水相接近,说明二者存在密切的水力交替。

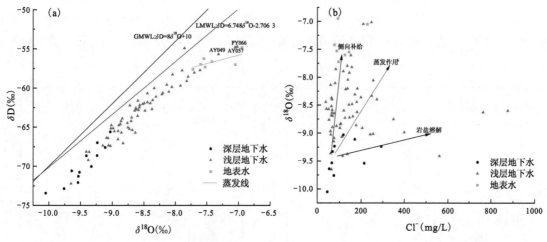

图4 δD 与 $\delta^{18}O$ 关系图(a)和 Cl^- 浓度与 $\delta^{18}O$ 值关系图(b)

Cl^- 与 $\delta^{18}O$ 关系可以指示地下水运移过程中的多种同位素分馏过程。图4(b)中,研究区浅层地下水中 Cl^- 浓度和 $\delta^{18}O$ 关系存在3种趋势:①研究区地表水及大部分深、浅层地下水的 $\delta^{18}O$ 数值急剧增加,氯离子浓度变化小,这是由于不同 $\delta^{18}O$ 含量的低 TDS 地下水相互混合使水样 $\delta^{18}O$ 发生变化而 Cl^- 含量始终处于较低状态,推测为潜水侧向径流或深层低 Cl^- 浓度地下水补给潜水时的混合作用的结果;②受蒸发影响,部分浅层及深层水 $\delta^{18}O$ 与 Cl^- 呈正相关关系,说明蒸发作用可同时改变地下水中 $\delta^{18}O$ 值与 Cl^- 浓度;③小部分深、浅层地下水 $\delta^{18}O$ 值变化不大,Cl^- 值变化较大,这可能是受岩盐溶解,或者人为污染的影响,如冬季道路融雪盐的使用。

3.2 水-岩交互作用

研究区地表水和地下水的水化学离子浓度变化受大气降水补给、岩石风化和蒸发浓缩交互作用影响。由 Gibbs 图(图5)可知:当 TDS 与 $Na^+/(Na^++Ca^{2+})$ 或 $Cl^-/(Cl^-+HCO_3^-)$ 比值均比较高,在 0.5~1.0 之间时,蒸发结晶作用是离子化学作用的主控因素;若 TDS 中等,$Na^+/(Na^++Ca^{2+})$ 或 $Cl^-/(Cl^-+HCO_3^-)<0.5$,则其控制机制为水-岩作用;若 TDS 较低的同时 $Na^+/(Na^++Ca^{2+})$ 或 $Cl^-/(Cl^-+HCO_3^-)$ 接近1,大气降水作用是水化学组分浓度变化的主控因素。

在图5可知,深层水和浅层水样点相互交织,深层水与浅层水之间水力密切,补给来源相近。区域水体主要由岩石风化控制,并受较强烈蒸发浓缩作用的影响。

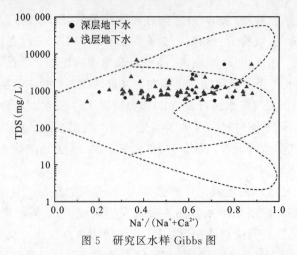

图5 研究区水样Gibbs图

建立研究区内浅层地下水主要离子浓度与TDS的关系,以确定主要离子对浅层地下水咸化过程的贡献。地下水中主要阳离子Na^+的溶入对地下水咸化的贡献最大,地下水TDS增大过程中Na^+浓度增长最快,Mg^{2+}较缓,Ca^{2+}含量随TDS增大且增大幅度呈先增大后减小的趋势[图6(a)]。地下水中主要阴离子中Cl^-的溶入对地下水咸化的贡献最大,SO_4^{2-}稍次之。地下水TDS增大的过程中Cl^-浓度增长最快,SO_4^{2-}稍缓,HCO_3^-先随着TDS的增大而增大,后当TDS>2000mg/L时呈现出缓慢减小的趋势[图6(b)]。

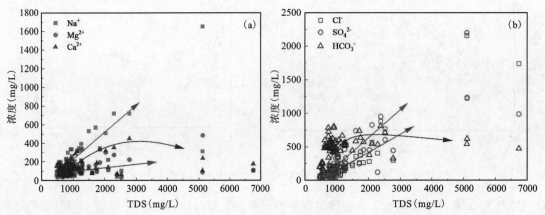

图6 TDS与地下水Na^+、Mg^{2+}、Ca^{2+}关系图(a)以及与地下水Cl^-、SO_4^{2-}、HCO_3^-关系图(b)

$\gamma(Na^++K^+)$与$\gamma(Cl^-)$的毫克当量①浓度比值可以反映地下水中Na^+及K^+的来源。如图7(a)所示,大部分的点均位于$y=x$线上方,说明Na^+的毫克当量浓度远高于Cl^-的毫克当量离子浓度,即$\gamma(Na^++K^+)/\gamma(Cl^-)$的系数大于1。地下水在孔隙含水层径流过程中,硅酸盐矿物不断风化水溶,释放出Na^+,使得其浓度不断增加。在径流滞缓的平原区,水体中的Ca^{2+}、Mg^{2+}和土壤中的Na^+发生交换,从而使Na^+浓度远高于Cl^-浓度。

TDS与$\gamma(Na^+)/\gamma(Cl^-)$的比例系数可以用来分析地下水中阳离子交换的水化学作用过程。当$\gamma(Na^+)/\gamma(Cl^-)$比值随TDS增大时,地下水中可能发生$Ca^{2+}$、$Mg^{2+}$与黏土中$Na^+$的阳离子交换作用。由图7b可知,研究区地下水TDS<1250mg/L时,$\gamma(Na^+)/\gamma(Cl^-)$比值与TDS呈正相关关系,地下水系统中$Ca^{2+}$、$Mg^{2+}$与黏土中$Na^+$发生阳离子交替作用,地下水中的$Ca^{2+}$、$Mg^{2+}$减小。但TDS>1250mg/L时,$\gamma(Na^+)/\gamma(Cl^-)$比值相对稳定,体现了蒸发作用的影响。

---

① 毫克当量的符号为mEq,1mEq=(mmol/L)×原子价。

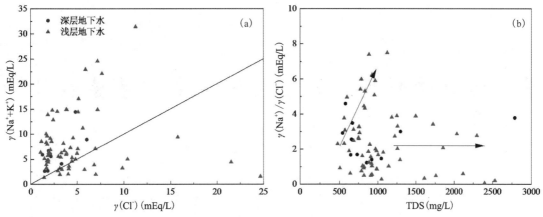

图 7 $\gamma(Na^+ + K^+)$ 与 (Cl^-) 关系图(a)和 $(Na^+)(Cl^-)$ 与 TDS 关系图(b)

4 结语

(1)浅层地下水中主要离子为 Na^+、HCO_3^-、Cl^- 和 SO_4^{2-}，深层地下水中主要离子为 Na^+、HCO_3^-、Cl^- 和 SO_4^{2-}。地表水中主要离子为 Na^+、SO_4^{2-} 和 HCO_3^-，根据水化学离子特征对比分析，深层水与浅层水之间存在水力联系。

(2)区内地下水主要接受大气降水补给，受蒸发影响，受影响程度为地表水＞浅层地下水＞深层地下水。豫北平原大部分深层地下水及浅层地下水的氢氧同位素值接近，说明二者之间水力交替密切。研究区地下水运移过程中，多受侧向和深层低 Cl^- 浓度地下水补给潜水时的混合作用的影响，部分受蒸发和岩盐溶解的影响。

(3)地下水中的 Na^+、HCO_3^-、Cl^- 和 SO_4^{2-} 在地质和人类活动的双重影响下，区域地下水的水化学类型由 $HCO_3(SO_4)$-Na 型逐渐向 $HCO_3(SO_4 \cdot Cl)$-Na 型转变。

(4)水化学组分经多期次迁移演变，Na^+、Cl^-、SO_4^{2-} 等离子在部分区块浓缩富集，高值区集中分布在黄河下游的濮阳市，而 HCO_3^- 高浓度区域集中分布在黄河上游的新乡市和下游的濮阳市。

(5)研究区地下水水化学类型主要为 HCO_3-Na 型，且深、浅层地下水水化学类型无明显差别，区域主控的水-岩作用过程为岩石风化，蒸发浓缩也有小部分影响。地下水中主要阳离子 Na^+ 的溶入对地下水咸化的贡献最大，主要阴离子 Cl^- 的溶入对地下水咸化的贡献最大，SO_4^{2-} 稍次之。地下水中的 Na^+ 和 Cl^- 部分来源于岩盐(NaCl)的风化溶解，硅酸盐的溶解和阳离子交换作用对地下水中的 Na^+ 的含量产生重要影响。可溶性盐分主要来源为蒸发盐岩的溶解和硅酸盐矿物风化水解，受碳酸盐岩风化作用影响较小。

主要参考文献

曹金亮,2013.豫东平原高氟水赋存形态及形成机理研究[D].武汉:中国地质大学(武汉).

高淑琴,2008.河南平原第四系地下水循环模式及其可更新能力评价[D].长春:吉林大学.

梁杏,张婧玮,蓝坤,等,2020.江汉平原地下水化学特征及水流系统分析[J].地质科技通报,39(1):21-33.

刘江涛,蔡五田,曹月婷,等,2018.沁河冲洪积扇地下水水化学特征及成因分析[J].环境科学,39(12):5428-5439.

王刚,2011.郑州市北郊水源地高砷地下水的分布与形成机理初步研究[D].青岛:青岛理工大学.

张兆吉,雒国中,王昭,等,2009.华北平原地下水资源可持续利用研究[J].资源科学,31(3):355-360.

基于信息量模型的河南省地质灾害易发性评价

张文培,陈　阳,李屹田,徐郅杰

(河南省自然资源监测和国土整治院,河南省地质灾害综合防治重点实验室,
自然资源部黄河流域中下游水土资源保护与修复重点实验室,河南　郑州　450016)

摘　要:以河南省为研究区,根据区内崩塌、滑坡、泥石流地质灾害隐患分布特征,选择高程、坡度、坡向、地貌、工程地质岩组5个影响因子作为崩塌、滑坡、泥石流地质灾害易发性的评价因子,采用基于GIS的信息量模型进行易发性评价,并将全省划分为崩塌、滑坡、泥石流高易发区、中易发区、低易发区、非易发区,为全省地质灾害防治工作提供科学依据。

关键词:河南省;地质灾害;信息量模型;易发性评价

0　引言

河南省山地丘陵面积 $7.4×10^4 km^2$,地质条件和地理条件复杂,气象条件在时间、空间上的差异很大。新构造活动频繁,地质构造复杂,孕育地质灾害的自然地质环境条件复杂多变,自然变异强烈,为我国中部地区地质灾害多发的省份之一。地质灾害易发性评价主要通过对孕灾地质条件研究和灾害特征分析,预测一定区域和范围内地质灾害发生概率(倪化勇等,2015),对区内地质灾害防治工作及城市空间规划具有重要意义(刘传正和陈春利,2020)。

1　研究区基本情况

河南省地处我国中部腹地、黄河中下游,承东启西、连南贯北。南北纵跨530km,东西横越580km,处于北纬31°23′—36°22′和东经110°21′—116°39′之间,东接安徽省、山东省,北接河北省、山西省,西连陕西省,南临湖北省,全省总面积16.7万 km^2,约占全国总面积的1.73%。地势西高东低,北、西、南三面太行山、伏牛山、桐柏山、大别山沿省界呈半环形分布,中东部为黄淮海冲积平原,西南部为南阳盆地。平原盆地、山地丘陵分别占总面积的55.7%、44.3%,属大陆性季风气候,具有四季分明、雨热同期、复杂多样和气候灾害频繁的特点。

河南省在全国空间格局和经济社会发展中具有重要地位,既是国家促进中部地区崛起战略部署的核心区,也是我国经济由东向西梯次推进发展的中间地带;既是"两横三纵"城市化战略格局中陆桥通道和京广通道的交会区域,也是国家战略水源地—南水北调中线工程源头所在地;既是国家重要的粮食生产和现代农业基地,也是全国综合交通运输网络的重要枢纽、重要的经济增长板块,区位优越,发展态势明显。

作者简介:张文培,(1991—),女,硕士,助理工程师,主要从事地质环境调查、评价及监测工作。E-mail:2473053179@qq.com。

2 研究方法与数据

2.1 研究方法

易发性评价是从区域空间尺度对崩塌与滑坡发生的可能性进行定性分级或定量估算的过程,是崩塌、滑坡风险管控的基础依据(史忠鑫等,2022),多用信息量法进行地质灾害易发性评价。

导致地质灾害发生的主要因素有地形坡度、地层岩性、断裂构造、河流水系、已有地质灾害、人类工程活动等(邓辉等,2014)。本文采用基于GIS的信息量模型提取坡度、坡向、地形起伏度、地貌类型、工程地质岩组5个因子对河南省崩塌、滑坡、泥石流地质灾害易发区进行评价分析。

信息量模型计算公式为

$$i(L-x_i) = \ln \frac{N_j/N}{S_j/S}$$

式中:$i(L-x_i)$为评价因子x_i对研究区地质灾害贡献信息量;N_j为区内发生地质灾害的单元内含有评价因子x_i的地质灾害数量;N为区内分布的地质灾害总数;S_j为区内含有评价因子x_i的单元数;S为研究区评价单元总数。

当$i(L-x_i)>0$时,说明评价因子x_i可以提供地质灾害发生的信息,信息量越大,地质灾害可能发生的概率越大;当$i(L-x_i)<0$时,表明评价因子x_i存在条件下不利于地质灾害的发生;当$i(L-x_i)=0$时,表明评价因子x_i不提供有关地质灾害发生与否的任何信息,即评价因子x_i可以筛选掉,排除其作为地质灾害预测因子。

实际应用中,研究区内评价单元总的信息量值为各评价因子信息量综合分析叠加得到,其公式为

$$I_i = \sum_{i=1}^{n}(L_i-x) = \sum_{i=1}^{n} \ln \frac{N_j/N}{S_j/S}$$

式中:I_i为评价单元总的信息量值,用于确定区域单元的易发性等级;n为评价指标总数。

2.2 数据来源

地质灾害隐患数据采用2022年6月河南省现存崩塌、滑坡、泥石流地质灾害隐患数据,共2416处,其中崩塌1257处、滑坡1021处、泥石流138处。

在地理空间数据云(http://www.gscloud.cn/)平台下载30m分辨率DEM数据,提取高程、坡度、坡向数据,采用现有地貌与工程地质岩组数据。

3 地质灾害影响因子提取

高程一方面控制斜坡高度、坡度,直接影响地质灾害的发育;另一方面影响人类工程活动范围,间接控制地质灾害发育。太行山地、豫西山地、豫南山地斜坡坡度变化较大,往往形成陡峻的斜坡,更易于发生地质灾害。不同坡向与坡层倾向的空间组合关系不同,对斜坡的稳定性有一定影响,阳坡的斜坡稳定性弱于阴坡;阳坡较易诱发滑坡灾害,阳坡更易发生滑坡且往往造成生命财产的严重损失。河南省境内北、西、南三面为山地、丘陵和台地,东部为平坦辽阔的黄淮海平原,地貌分布特征与地质灾害发生密切相关。工程地质岩组是依据岩体结构、岩石强度及岩体组合特征等对地层岩性归纳分类的岩性组合,是地质灾害主要孕灾条件之一。

基于高程、坡度、坡向、地貌、工程地质岩组因素对地质灾害发生的影响,利用ArcGIS软件平台对高程、坡度、坡向、地貌、工程地质岩组数据进行信息量模型计算得到对应的信息量栅格数据。

4 评价结果分析

将基于高程、坡度、坡向、地貌、工程地质岩组5个因子的地质灾害信息量数据进行叠加,得到河南省地质灾害易发性评价数据。采用自然间断点分级法对河南省地质灾害易发性评价数据进行分类,加以人工修正,将全省划分为高易发区、中易发区、低易发区、非易发区(图1)。其中,地质灾害高易发区面积3.25万 km^2,占全省总面积的19.51%;中易发区面积2.25万 km^2,占全省总面积的13.51%;低易发区面积0.98万 km^2,占全省总面积的5.88%,非易发区面积10.18万 km^2,占全省面积的61.10%。

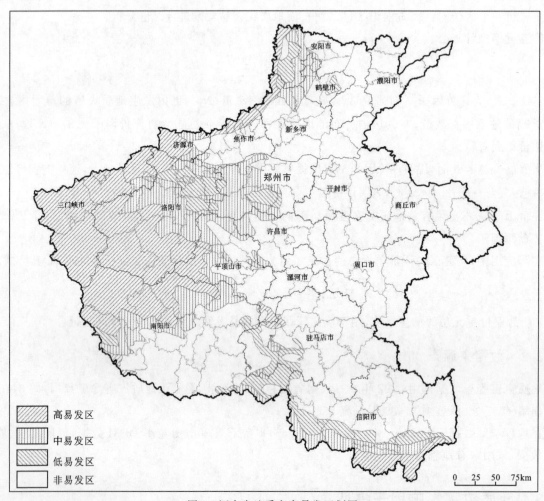

图1 河南省地质灾害易发区划图

4.1 地质灾害高易发区

河南省共划定4个地质灾害高易发区,总面积3.25万 km^2[①],占全省总面积的19.51%。

1. 林州—济源崩塌、滑坡、泥石流地质灾害高易发区

该地质灾害高易发区面积1 907.92km^2,占全省总面积的1.15%,主要分布在林州市北部和西部、辉县(市)西部、焦作市西北部、济源北小部等地。该区发育崩塌、滑坡、泥石流地质灾害隐患共226处,其中滑坡77处,崩塌96处,泥石流53处,共威胁5610人,威胁39 820.2万元资产。

---

① 注:因四舍五入,本文数据存在较小误差。

2. 济源—淅川崩塌、滑坡、泥石流地质灾害高易发区

该高易发区面积 27 973.51 km²，占全省总面积的 16.79%，主要分布在济源、三门峡、南阳西北部及洛阳西南部等地。该区发育崩塌、滑坡、泥石流地质灾害隐患共 782 处，其中滑坡 481 处，崩塌 265 处，泥石流 36 处。共威胁 27 064 人，威胁 137 164.6 万元资产。

3. 舞钢—遂平崩塌、滑坡、泥石流地质灾害高易发区

该高易发区面积 512.07 km²，占全省总面积的 0.31%，主要分布在舞钢、沁阳东北等地。该区发育崩塌、滑坡、泥石流地质灾害隐患共 26 处，其中滑坡 13 处，崩塌 8 处，泥石流 5 处。共威胁 977 人，威胁 1960 万元资产。

4. 新县—商城崩塌、滑坡、泥石流地质灾害高易发区

该高易发区面积 2 126.48 km²，占全省总面积的 1.28%，主要分布在新县、商城南部。该区发育崩塌、滑坡、泥石流地质灾害隐患共 104 处，其中滑坡 77 处，崩塌 23 处，泥石流 4 处。共威胁 2539 人，威胁 13 714 万元资产。

4.2 地质灾害中易发区

河南省共划分 4 个地质灾害中易发区，总面积 2.25 万 km²，占全省总面积的 13.51%。

1. 林州—辉县崩塌、滑坡、泥石流地质灾害中易发区

该中易发区面积 2 233.85 km²，占全省总面积的 1.34%。主要分布在林州北部、安阳县西部、龙安区、鹤山区、山城区、淇滨区西部、淇县西北部、卫辉市西北部、辉县东北部等地。该区发育崩塌、滑坡、泥石流地质灾害隐患共 83 处，其中滑坡 13 处，崩塌 60 处，泥石流 10 处。共威胁 2335 人，威胁 14 711 万元资产。

2. 济源—登封—淅川崩塌、滑坡、泥石流地质灾害中易发区

该中易发区面积 17 131.82 km²，占全省总面积的 10.28%。主要分布在济源中部、吉利区、孟津北部、巩义、荥阳、登封、宜阳、伊川、汝阳、宝丰、方城、南召、内乡、淅川等地。该区发育崩塌、滑坡、泥石流地质灾害隐患共 877 处，其中滑坡 232 处，崩塌 622 处，泥石流 23 处。共威胁 65 711 人，威胁 180 174.93 万元资产。

3. 沁阳—桐柏崩塌、滑坡、泥石流地质灾害中易发区

该中易发区面积 559.76 km²，占全省总面积的 0.34%。主要分布在沁阳东部、桐柏南北小部等地。该区发育崩塌、滑坡、泥石流地质灾害隐患共 24 处，其中滑坡 6 处，崩塌 12 处，泥石流 6 处。共威胁 412 人，威胁 1540 万元资产。

4. 信阳市浉河区—固始崩塌、滑坡地质灾害中易发区

该中易发区面积 2 544.30 km²，占全省总面积的 1.53%。主要分布在浉河南部、罗山南部、商城中部、光山南部、新县北部等地。该区发育崩塌、滑坡、泥石流地质灾害隐患共 153 处，其中滑坡 57 处，崩塌 96 处。共威胁 3283 人，威胁 12 830.2 万元资产。

4.3 地质灾害低易发区

河南省共划分 4 个地质灾害低易发区，总面积 0.98 万 km²，占全省总面积的 5.88%。

1. 林州及浚县崩塌、滑坡地质灾害低易发区

该低易发区面积 1 096.08 km²，占全省总面积的 0.66%。主要分布在林州、辉县北小部、浚县北部等地。该区发育崩塌、滑坡地质灾害隐患共 11 处，其中滑坡 4 处，崩塌 7 处。共威胁 1042 人，威胁 7 463.60 万元资产。

2. 新安—偃师及新密崩塌、滑坡地质灾害低易发区

该低易发区面积 2 882.63 km²，占全省总面积的 1.73%。主要分布在新安、洛阳城区、偃师、伊川、新密等地。该区发育崩塌、滑坡地质灾害隐患共 24 处，其中滑坡 4 处，崩塌 20 处。共威胁 532 人，威胁

2 693.5万元资产。

3. 淅川及沁阳—浉河—巩义崩塌、滑坡、泥石流地质灾害低易发区

该低易发区面积5 662.58 km²,占全省总面积的3.39%。主要分布在淅川西部、沁阳东部、桐柏北部、浉河区北部、罗山中南部、光山北部、商城北部及固始西南小部等地。豫西南、东部平原共95处,其中滑坡57处,崩塌37处、泥石流1处。共威胁3234人,威胁9460万元资产。

4. 永城崩塌地质灾害低易发区

该低易发区面积121.04 km²,占全省总面积的0.07%。主要分布在永城东北部,该区发育崩塌地质灾害隐患共3处,无威胁人口,威胁3万元资产。

4.4 地质灾害非易发区

河南省划分豫西南、东部平原1个地质灾害非易发区,总面积10.18万 km²,占全省总面积的61.10%,主要分布在濮阳、新乡、商丘、开封、周口、驻马店、许昌、信阳北部等地。该区发育崩塌地质灾害隐患共8处,共威胁127人,威胁163万元资产。

5 结论

河南省地质灾害易发区主要分布在豫西、豫南山地丘陵区。其中,地质灾害高易发区面积3.25万 km²,占全省总面积的19.51%;中等易发区面积2.25万 km²,占全省总面积的13.51%;低易发区面积0.98万 km²,占全省总面积的5.88%。为切实保障人民群众生命财产安全,加强地质灾害易发区防治工作,政府及技术支撑单位需以高度负责任态度,对其所负责的领域开展地质灾害隐患排查整治工作,有效防范人为活动造成的地质灾害危害;同时,开展多种形式的地质灾害防治宣传教育,向社会公众普及防灾基础知识,提升自救互救能力。

主要参考文献

邓辉,何政伟,陈晔,等,2014.信息量模型在山地环境地质灾害危险性评价中的应用:以四川泸定县为例[J].自然灾害学报,23(2):67-76.

刘传正,陈春利,2020.中国地质灾害防治成效与问题对策[J].工程地质学报,28(2):375-383.

刘孟宇,邓辉,张文江,2021.基于GIS和信息量模型的青海大通县地质灾害危险性定量评价分析[J].四川地质学报,41(3):494-499.

倪化勇,王德伟,陈绪钰,等,2015.四川雅江县城地质灾害发育特征与稳定性评价[J].现代地质,29(2):474-480.

史忠鑫,王振海,车增光,等,2022.基于信息量法的江苏盱眙第一山地质灾害易发性评价[J].上海国土资源,43(4):56-60.

王伟中,曹小红,汪鑫,等,2022.基于信息量法的新疆伊宁县滑坡灾害易发性评价[J].新疆地质,40(4):566-573.

张二阳,袁航,2023.基于信息量模型的上饶市广丰区地质灾害易发性评价[J].资源信息与工程,38(2):54-59.

浅析河南省自然灾害现状及防治对策研究

郑光明,王 帅,崔相飞,陈 阳

(河南省自然资源监测和国土整治院,河南省地质灾害综合防治重点实验室,河南 郑州 450016)

摘 要:本文分析了河南省多年来的各类自然灾害状况,对未来气候变化可能会造成的环境影响、城乡建设和重大基础设施建设对国土空间开发保护产生的影响等进行了初步研究,分别从气象灾害、突发地质灾害、地面沉降灾害、地震灾害等类自然灾害角度,提出了国土空间开发可能面临的灾害风险及应对措施,为河南省安全国土构建提供了技术支撑,为河南省国土空间规划的编制提供了依据。

关键词:河南省;自然灾害;防治对策

0 引言

随着经济社会的持续发展,人民生活水平不断提高,安全高效逐渐成为国民关注的焦点。2020年,自然资源部办公厅印发的《省级国土空间规划编制指南》(试行)(自然资办发〔2020〕5号)提出,考虑气候变化可能造成的环境风险,提出各类自然灾害、地质灾害防治标准和规划要求,明确应对措施。2020—2021年是省、市、县各级国土空间规划的编制年,防灾减灾作为安全国土构建过程中的重要环节不容忽视。开展河南省自然灾害现状及防治对策研究,对于编制高质量的河南省国土空间规划成果具有重要的作用和意义。

1 研究区基本概况

河南省位于我国中部、黄河中下游。地理坐标:东经$110°21'-116°39'$,北纬$31°23'-36°22'$。南北纵跨530km,东西横亘580km,总面积$16.70×10^4 km^2$,约占全国总面积的1.74%,周边分别与山东、安徽、湖北、陕西、山西和河北6省毗邻,在全国布局中具有承东启西、联南贯北的作用,地理位置较为优越。

2 研究区自然灾害现状

2.1 气象灾害发育现状

2009—2017年历史气象灾害资料统计分析(郭学峰,2019),全省共有2025条气象灾害灾情记录,年均225条,主要气象灾害包括暴雨洪水、大风、大雾、干旱等。其中暴雨洪涝发生次数最多,约占23%,

---

作者简介:郑光明,男,1991年生,硕士,助理工程师,主要从事地质灾害调查、监测及评价等方面工作。E-mail:723910678@qq.com。

造成的损失也最为严重,年均直接经济损失近253 100万元,年均死亡2.9人;干旱造成的损失次之,年均直接经济损失95.662万元,干旱对农业影响较大,造成的年均农业受灾面积达613 336 hm²,为各类气象灾害之首。

1. 时间分布特征

不同类别的气象灾害受年度和季节的影响较大,所带来损失的差异也较大。气象灾害经济总损失数最大年份是最小年份损失值的17倍以上,每年最主要的灾害损失类型存在较大的年际差异,主要包括暴雨洪涝(2010、2021年)、干旱(2012、2014年)、连阴雨(2011、2017年)、大风(2009、2013年),这也是河南省的主要气象灾害类型。气象灾害同时具有明显的季节变化特征,各类致灾因子的月际变化决定了灾情的月际分布规律。下半年的夏秋季节是各类气象灾害的多发时期,其中5—9月损失之和占全年损失的90%以上,主要包括暴雨洪涝、干旱、大风、雷电等气象灾害。上半年的损失主要集中在1—2月,主要包括雪灾、大雾、道路结冰、低温冻害等气象灾害。各项损失的极值均出现在7月,其次是8月和9月;春季(3、4月)是发生灾情最少的时段。

2. 空间分布特征

河南的气象灾害具有空间分布不均的特点。豫北、豫西地区主要灾害是暴雨洪涝、干旱、冰雹等气象灾害。豫东平原地区主要是暴雨洪涝、雪灾、连阴雨、干旱、大风等气象灾害。河南省气象灾害造成的年均直接经济损失分布不均,豫北、豫西和豫西南损失较重,豫东平原损失较轻。

2.2 突发地质灾害现状

1. 隐患点分布特征

受地形地貌、地质构造、降雨及人为活动的影响,河南省地质灾害分布地域性强,分布集中。在山地丘陵区,崩塌、滑坡、泥石流等突发地质灾害发育。随着人类工程活动的增强,对地质环境条件的干预也越来越严重,常常成为多种地质灾害发育的直接诱因。总的来说,不同的地理条件及人为活动特点之间的差异,是造成河南省地质灾害分布区域特点鲜明的根本原因。

2023年汛前最新统计数据显示,全省现有地质灾害隐患点2470处,其中崩塌、滑坡、泥石流等突发地质灾害隐患2132处,约占全省隐患点总数的86.32%,主要分布在豫西的郑州、洛阳、三门峡,豫南的信阳及豫北的新乡、济源等地,共计威胁7.6万人的生命安全,潜在经济损失31.96亿元(图1)。

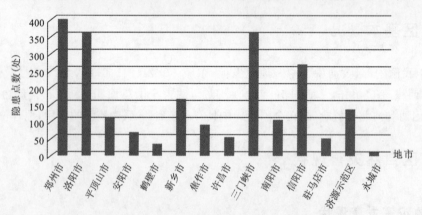

图1 河南省各地市突发地质灾害隐患点分布情况柱状图

2. 易发程度分区

利用全省1∶5万地质灾害详细调查成果资料,在综合考虑地形地貌、地层岩性、构造、地震、降雨、人类工程活动等地质灾害影响因素的基础上,结合滑坡、崩塌、泥石流等地质灾害易发程度的空间差异,划分出河南突发地质灾害高易发、中易发、低易发及非易发区4个区(表1)。

表 1　河南省突发地质灾害易发程度分区情况统计表

易发程度分区	高易发区	中易发区	低易发区	非易发区
主要分布区域	豫西及豫南基岩山区	豫北及中部低山丘陵区	豫中及豫南剥蚀岗地	豫东及南部平原区
分布面积(km²)	3.50×10⁴	1.59×10⁴	1.56×10⁴	10.05×10⁴
占比(%)	20.96	9.52	9.34	60.18

2.3　地面沉降灾害现状

1. 基本情况

近年来，河南省对开封市、郑州市和豫北平原 3 个重点地面沉降区进行了调查监测，监测区面积 24 529 km²。InSAR 监测数据显示，地面沉降面积 16 806.58 km²，占监测区面积的 68.52%。区域年均沉降速率 2.43 mm/a，最大沉降量 100.93 mm，位于安阳市安阳县吕村镇李河干村南 700 m。据 2017—2020 年水文数据，监测区最大累计沉降量 379.2 mm，位于安阳市内黄县楚旺镇附近。

2. 重点分区

根据监测区大部分区域沉降速率在 0～20 mm/a 之间的特点，考虑 InSAR 监测与水文监测结果整体趋势一致，结合地质环境条件整体性和人类活动影响连片等原则，经野外核查，综合确定以 ≥20 mm/a 的沉降速率区域为基准划定地面沉降重点区。在现有的监测区范围内圈定了 14 个地面沉降重点区，面积 881.56 km²(图 2)。

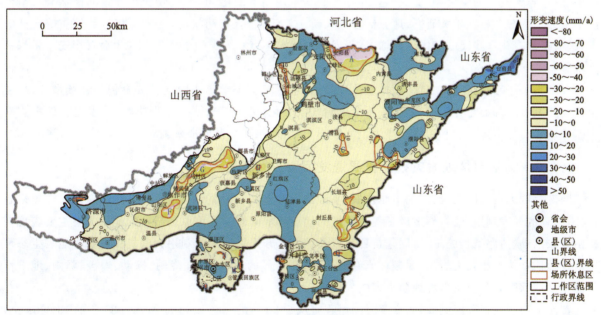

图 2　河南省地面沉降重点区分布图

2.4　地震灾害发育现状

1. 现代地震活动情况

河南省是我国历史上遭受地震灾害较为严重的地区之一。1970 年至 2017 年 5 月底，河南省共发生 3.0 级以上地震 67 次，其中 4.0 级以上地震 12 次。同期，河南及邻区共发生 3.0 级以上地震 234 次，其中 4.0 级以上地震 40 次。现代地震活动与历史地震活动规律一致，呈现外强内弱的特点。

2. 地壳稳定性分区

按照《中国地震动参数区划图》(GB 18306—2015)，河南省所处地震动峰值加速度参数值为 0.05、

0.10、0.15、0.20,对应的地震基本烈度分别为Ⅵ、Ⅶ、Ⅶ、Ⅷ,结合工程地质调查规范中关于地壳稳定性规定,河南省属区域地壳稳定—较不稳定区(表2)。

表2 河南省区域地壳稳定性分区情况统计表

地壳稳定性分区	稳定区	较稳定区	较不稳定区
主要分布区域	中南部	北部及中南部局部地区	北部
分布面积(km^2)	$8.47×10^4$	$7.24×10^4$	$0.99×10^4$
占比(%)	50.72	43.33	5.95

3 面临形势分析研判

3.1 气候变化将对自然灾害产生重大影响

人类活动引起的气候变化会引发自然灾害,反过来气候变化又将影响人类活动(俞雅乖和潘汉青,2012)。人类活动对气候变化的影响,最主要体现在生产生活等因素造成大气中二氧化碳含量的增加,形成"温室效应",导致气候变暖。气候变化影响效用有正面的,也有负面的。从目前的大量数据和现实情况来看,气候变化对人类活动的影响多是负影响,呈现负面效应。联合国2020年的一份新报告显示,过去20年自然灾害的发生频率几乎是1980—1999年期间的两倍,其中气候变化导致的极端天气事件占了很大一部分。根据相关研究,地壳活动进入新一轮活跃期(石菊松等,2012),将导致地震等自然灾害频发;气候变化导致极端气候事件增多,引发的自然灾害将对人类的生产生活和生命财产安全带来极大威胁。

我国力争于2030年前二氧化碳排放达到峰值,意味着未来十年我国碳排放量仍将继续增长,加之全球碳排放量增加的趋势仍在持续,必然会影响气候变化,进而带来诸多不良影响,引发的自然灾害对生态环境和自然资源开发利用将会产生重大影响,并给自然资源管理带来挑战。

3.2 人为活动是地质灾害的重要诱发因素

随着我国人口的增长,经济的不断发展,基础建设和工程活动的增多,人类向自然界索取得越来越多,不合理的开发利用,给自然造成了各种各样的地质环境问题。人为原因导致的地质灾害主要表现在矿山开采活动、道路工程施工、房屋建筑项目以及地下水开采等活动中利用大型机械设备对地表生态环境以及地质结构产生较大影响,因破坏原有的平衡,在外界的影响下(如降雨、振动、爆破、降雨、地下水位的上升或骤降),易引发各种地质灾害的发生。

按照河南省高速公路网规划,高速公路里程将从2020年的7000 km^2,增加到2035年的13 800 km^2,大部分新增高速公路位于山地丘陵等地质灾害易发区,有可能引发崩塌、滑坡等地质灾害。地质灾害具有极强的不稳定性,如果在地质灾害发生过程中,没有采取有效的防护措施会严重威胁人类的正常生产,对社会的稳定性会造成较大影响。

4 构建安全国土的对策建议

国土空间规划期内(2021—2035年)是河南推进高质量发展,基本实现经济社会现代化的关键时期,与此同时,应对气候变化、开发利用各类自然资源、推进城乡建设重大工程实施,仍将对国土空间产生较大规模的干扰,针对安全国土构建可能面临的各类自然灾害风险,提出以下防治对策。

4.1 着力减轻碳排放量对气候变化的影响

应对全球气候变化,实现2030、2060年碳达峰、碳中和目标,通过编制实施各级国土空间规划,优化资源配置和空间开发保护格局,促进形成绿色低碳的生产生活方式,推进产业结构优化、能源资源利用结构转型升级,发挥国土空间促进碳中和的载体功能,提升自然生态系统的固碳能力,探索利用地质多样性和多功能性增加储碳空间。

4.2 积极应对气象灾害风险

针对气候变化引发的极端气象事件频发态势(宫传英和徐建华,2015),加强相关水利基础设施建设,全面推进海绵城市建设,提高城乡建筑质量,增进气象预报预测的准确率和精细化水平,加强气象灾害预警服务体系建设,科学开展人工影响天气工作,出台气象灾害防御法律法规,建立公共气象服务系统。

4.3 加大突发地质灾害风险防控力度

合理规划国土空间开发布局,城乡建设、重大基础设施避让地质灾害易发区和矿产资源开采塌陷区,加强地质灾害调查评价,完善地质灾害监测预警体系,加快推进地质灾害搬迁避让和工程治理,不断提升地质灾害防治技术能力水平。

4.4 科学应对地面沉降灾害风险

持续开展地面沉降监测,实时掌握地面沉降动态变化;实施水资源科学调度,减少因地下水过量开采引发的地面沉降范围;合理规划工程项目布局,减轻地面沉降不良影响;强化宣传教育引导,加强综合研究,为地面沉降防控提供科学依据。

4.5 持续做好地震灾害风险管理工作

编制防震减灾专项规划,提高地震速报预警与地震监测预报能力,提升城乡建筑抗震设防和地震应急救援水平,设置应急避震场所,推进防震减灾法律制度体系建设和公共服务体系建设,强化信息化支撑水平。

5 结语

自然灾害防治直接关系到人民群众的生命财产安全和社会的和谐稳定,因此在安全国土构建过程中,一定要做好防灾减灾工作。提前科学合理规划,发展优先避开自然灾害高风险区;确实无法避开,需提前做好风险评估及应对措施。时刻关注自然灾害发展形势变化,及时调整关注重点及防治需求,确保安全发展,国泰民安。

主要参考文献

宫传英,徐建华,2015.气象灾害的类型分析及防灾减灾措施[J].安徽农学通报,21(17):140-142.
郭学峰,2019.河南省主要气象灾害特征分析[J].热带农业工程,43(2):203-206.
石菊松,吴树仁,张永双,等,2012.应对全球变化的中国地质灾害综合减灾战略研究[J].地质论评,58(2):309-318.
俞雅乖,潘汉青,2012.气候变化、地质灾害与城市减灾防灾体系构建:基于宁波城市脆弱性的视角[J].西南民族大学学报(人文社会科学版)(12):146-149.

巩义市源村地热井水化学特征及地热成因分析

崔相飞[1,2,3]，**王 帅**[1,2,3]，**吕 灯**[1,2,3]，**戚 赏**[1,2,3]，**方 林**[1,2,3]

(1. 河南省自然资源监测和国土整治院，河南 郑州 450016；
2. 自然资源部黄河流域中下游水土资源保护与修复重点实验室，河南 郑州 450016；
3. 河南省自然资源科技创新中心(地下水资源调查监测研究)，河南 郑州 450016；)

摘 要：本文基于源村地热井地热地质背景，分析了该井地热水的水化学特征及微量元素特征，采用地热水元素比例系数法分析了地热水的主要组分来源，并对地热水的结垢趋势和腐蚀性做出评价。应用 Na-K-Mg 三角图解确定地热水为未成熟水，并在此基础上运用地球化学温标法确定热储温度为 81.21℃。基于地热流体 δD 和 $\delta^{18}O$ 同位素与大气降水线的关系，确定地热水补给来源为大气降水。运用同位素方法，估算出地热水补给高程为 650~780m，补给区范围为南部基岩山区，并得出热储循环深度为 2831 m。

关键词：水化学；热储温度；成因分析；地热资源；巩义市

地热资源是一种洁净能源，分布广、储量大，具有零碳、可再生等特点，其绿色能源优势在国际上日益突出，是未来碳中和首选能源(马冰等，2021)。探析地热水的水化学特征，可对其来源进行识别，进一步研究地热系统中水-岩相互作用和地热水运动特征等(Akram et al.，2022)，为勘察评价合理利用与开发地热资源提供参考。

河南地热资源分布广、储量大，根据地温场成因及储存条件，河南省的地热资源可以分为：沉降盆地传导型和隆起山地对流型两种类型(王继华等，2009)。综合运用 Piper 三线图法、离子比例法、饱和指数法和同位素分析法等对地热水水化学特征进行研究，可以判断出地热水的水化学类型、成因模式以及赋存机理(Yuan et al.，2022)。源村地热井位于巩义市，该区的地热研究相对较少，且开发利用程度较低，造成地热资源浪费。分析源村地热井地热水的特征和成因既可以丰富对当地地热资源的认识，也可为后期地热资源的开发利用提供科学依据。本文以源村地热井为例，综合运用 Pipper 三线图法、离子比例法、Na-K-Mg 三角图解法、PHREEQC 软件模拟、SiO_2 温标法等手段，对该区的地热水水化学特征、热储温度、热水补给来源等方面进行研究，进一步探讨地热水的成因模式，为该区合理开发利用地热资源提供一些参考。

1 地热地质概况

源村地热井位于巩义市河洛镇东南部(图1)，成井时间为 2020 年 4 月，成井深度 2135m，井口温度 65℃，单井涌水量 1200m³/d(降深 70m)。巩义市境内东部、南部为基岩山地，北部为黄土丘陵，地势由东南向西北倾斜，地形起伏大，冲沟发育。区内多年平均气温 14.6℃，为暖温带大陆性季风气候；年均降雨量 316.0~990.6mm，海拔高程 150~250m。

基金项目：伊洛河盆地东部(巩义市)岩溶热储地热资源调查报告。
作者简介：崔相飞(1990—)，男，助理工程师，硕士研究生，主要从事主要水文地质、环境地质等方面研究，E-mail：1083403175@qq.com。

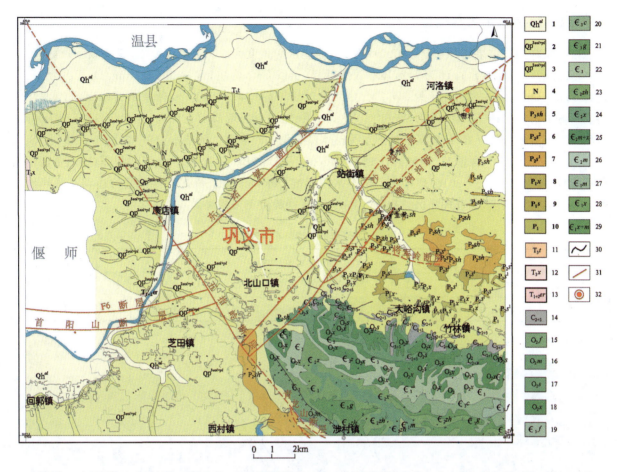

1-全新统;2-上更新统;3-中更新统;4-新近系;5-上二叠统石峰组;6-中二叠统石河子组上段;7-中二叠统石河子组下段;8-下二叠统石河子组;9-下二叠统山西组;10-下二叠统;11-下三叠统谭庄组;12-下三叠统油房庄组;13-中、下三叠统二马营组;14-上、中石炭统并层;15-中奥陶统峰峰组;16-中奥陶统马家沟组;17-中奥陶统上马家沟组;18-中奥陶统下马家沟组;19-上寒武统凤山组;20-上寒武统长山组;21-上寒武系崮山组;22-上寒武统;23-中寒武统张夏组;24-中寒武统徐庄组;25-中寒武统毛庄组与徐庄组并层;26-中寒武统毛庄组;27-下寒武统馒头组;28-下寒武统辛集组;29-下寒武统馒头组与辛集组并层;30-地质界线;31-断裂带;32-地热井位置。

图 1 源村地区区域地质图

区域上属荥巩复背斜褶皱带北翼,呈单斜构造。构造线呈近东西向展布,嵩山背斜为区内的主体,形成历史悠久,经多期构造变动,区内断裂发育,以北东向为主,北西向次之。五指岭断层为区域性活动深大断裂,因其具多期活动性,断层破碎带岩石裂隙发育,有利于深部地热流的传导,是深部热能上涌的良好通道,为区域性控热断层。柳树沟断层、沙鱼沟断层及五指岭断层向深部切割,岩石强烈破碎,沟通了地下热源,使柳树沟断层及沙鱼沟断层成为导热断裂。

2 地热水水化学特征

2.1 地热水采集及测试分析

2020 年 8 月开展地热水采样工作,严格按照水样采集、保存和送检的要求进行,共采集全分析水样 1 件,同位素样品 1 件。其中水质全分析依据为《饮用天然矿泉水检验方法》(GB 8538—2016),测试单位为河南省自然资源监测和国土整治院水质土壤检验检测技术中心;水样的氢氧稳定同位素采用水同位素分析仪(L2130I)检测,测试单位为自然资源部地下水矿泉水及环境监测中心。

2.2 地热水水化学类型

根据采样测试结果(闫佰忠等,2020)(表1),地热水矿化度为2 894.04 mg/L,属微咸水;总硬度为1 244.5 mg/L,属中硬水;pH为7.2,显示碱性;阳离子以Ca^{2+}为主,含量385.17 mg/L,其次为Na^+,含量339.10 mg/L;主要阴离子为SO_4^{2-},含量1 349.16 mg/L,其次为Cl^-,含量296.01 mg/L,水化学类型属$SO_4·Cl-Ca·Na$型(图2),水温64 ℃。对照《地热资源地质勘查规范》(GB/T 1615—2010)对地热资源温度的分级标准,研究区的地热水为热水型低温地热资源。地热水中F^-含量4mg/L,H_2SiO_3含量40.3 mg/L,Sr^{2+}含量11.44 mg/L,Li^+含量0.87 mg/L,Br^-含量1.5 mg/L。根据《地热资源地质勘查规范》(GB/T 1615—2010)理疗热矿泉水水质标准要求,F^-、H_2SiO_3、Sr^{2+}含量均达到有医疗价值浓度和命名矿水浓度,具有理疗保健功效(阴阳离子平衡检查E‰相对误差1.828%)。

表1 源村地热井地热水分析结果

pH	水温(℃)	矿化度(mg/L)	离子含量(mg/L)									阴阳离子平衡检查(%)
			K^+	Na^+	Ca^{2+}	Mg^{2+}	Cl^-	HCO_3^-	CO_3^{2-}	SO_4^{2-}	F^-	
7.2	64	2 894.04	83.35	339.10	385.17	68.89	296.01	219.67	—	1 349.16	4.00	1.828

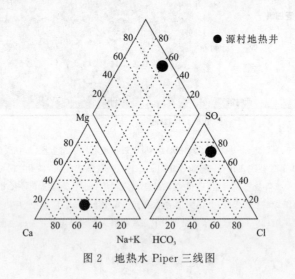

图2 地热水Piper三线图

2.3 地热水元素比例系数特征

地下水中的化学成分形成和演化与其周围环境的各种水文地球化学作用密不可分,成因不同或条件不同形成的地下水,其离子比例系数值具有显著的差异性。因此,可用离子比例系数法来分析地下热水的成因,研究水文地球化学过程,进而判断地热水水化学成分的矿物来源(郭本力等,2022;卢兆群等,2022)。本文选用$\gamma(Na^+)/\gamma(Cl^-)$、$\gamma(Ca^{2+}+Mg^{2+})/\gamma(HCO_3^-)$、$\gamma(Ca^{2+}+Mg^{2+})/\gamma(HCO_3^-)$、$\gamma(Ca^{2+}+Mg^{2+})/\gamma(HCO_3^-+SO_4^{2-})$等系数分析源村地热水成因(表2)。

表2 源村地热井地热水各离子比例系数表

$\gamma(Na^+)/\gamma(Cl^-)$	$\gamma(SO_4^{2-})/\gamma(SO_4^{2-}+Cl^-)$	$\gamma(Ca^{2+})/\gamma(HCO_3^-)$	$\gamma(Ca^{2+}+Mg^{2+})/\gamma(HCO_3^-)$	$\gamma(Ca^{2+}+Mg^{2+})/\gamma(HCO_3^-+SO_4^{2-})$	$\gamma(Ca^{2+})/\gamma(Mg^{2+})$	$\gamma(Ca^{2+})/\gamma(SO_4^{2-})$
1.74	0.77	5.35	6.94	0.79	3.35	0.69

$\gamma(Na^+)/\gamma(Cl^-)$的值可以表征地下水的活动性,也能用于判定地下水环境中的盐度来源。标准海水中$\gamma(Na^+)/\gamma(Cl^-)=0.85$,若$\gamma(Na^+)/\gamma(Cl^-)=1$,则揭示盐岩的溶解是地热水中的$Na^+$与$Cl^-$的来

源(郭本力等,2022;图3a)。表2结果显示,研究区地热水的$\gamma(Na^+)/\gamma(Cl^-)$的值为1.74,大于1,远高于0.85,说明该区构造开放,热储环境开放,地热水受到大气降水的影响,水中Na^+并不是全部来源于盐岩的溶解。$\gamma(SO_4^{2-})/\gamma(SO_4^{2-}+Cl^-)$反映了地热水脱硫酸作用程度,值越小,地层封闭越好。标准海水的$\gamma(SO_4^{2-})/\gamma(SO_4^{2-}+Cl^-)=0.09$,而研究区的$\gamma(SO_4^{2-})/\gamma(SO_4^{2-}+Cl^-)$为0.77,表明该区地热水环境封闭性差,水化学活动性强。

$\gamma(Ca^{2+}+Mg^{2+})/\gamma(HCO_3^-+SO_4^{2-})$反映了硅酸盐矿物溶解作用的强弱程度,研究区地热水的$\gamma(Ca^{2+}+Mg^{2+})/\gamma(HCO_3^-+SO_4^{2-})$为0.79,从图3b可以看出,源村地热井取样点系数值位于1∶1关系线下方,说明地热水中SO_4^{2-}和HCO_3^-含量过剩,溶解作用以硅酸盐为主,硅酸盐矿物的溶解是Ca^{2+}和Mg^{2+}的主要来源。

该区地热水的$\gamma(Ca^{2+})/\gamma(HCO_3^-)$、$\gamma(Ca^{2+}+Mg^{2+})/\gamma(HCO_3^-)$比值分别为5.35、6.94,均位于1∶2关系线上方(图3c、d),且$\gamma(Ca^{2+})/\gamma(Mg^{2+})$为3.35,大于1,说明除硅酸盐岩溶解外,其他水化学过程也影响着其溶质组分,如硫酸盐的溶解。另外,从表2可以看出地热水$\gamma(Ca^{2+})/\gamma(SO_4^{2-})$为0.69,说明除石膏的溶解外,$SO_4^{2-}$还有其他来源。

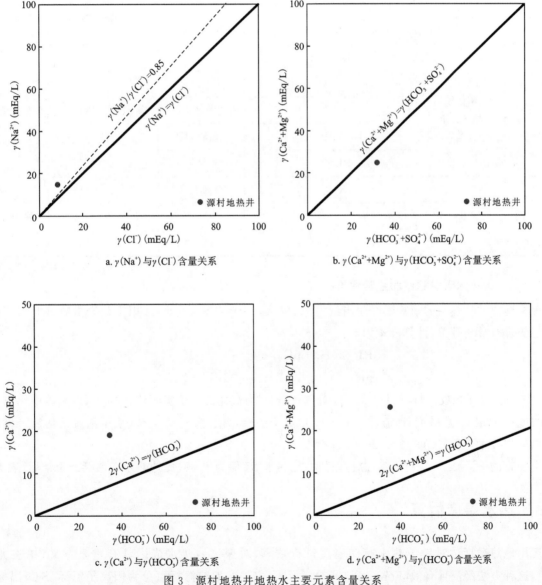

a. $\gamma(Na^+)$与$\gamma(Cl^-)$含量关系　　　　　　　　b. $\gamma(Ca^{2+}+Mg^{2+})$与$\gamma(HCO_3^-+SO_4^{2-})$含量关系

c. $\gamma(Ca^{2+})$与$\gamma(HCO_3^-)$含量关系　　　　　　　d. $\gamma(Ca^{2+}+Mg^{2+})$与$\gamma(HCO_3^-)$含量关系

图3　源村地热井地热水主要元素含量关系

2.4 地热水腐蚀性及碳酸钙结垢趋势评价

地热水的矿化度普遍偏高,在运移输送的过程中,其中一部分成分会随温度和压力的降低容易过饱和,发生沉淀作用形成垢层,结垢层造成流体阻力增加、能耗加大、传热效率降低,严重者可致使运输及换热设备堵塞。此外,地热水的腐蚀性也会对设备造成不可逆的腐蚀破坏。因此,需要评价分析地热水的腐蚀性与结垢趋势(孟宪级和白丽萍,1997)。

2.4.1 地热水腐蚀性评价

地热水中硫酸根、氯离子、硫化氢和游离二氧化碳等组分会腐蚀金属,根据《地热资源地质勘查规范》(GB 1615—2010),可参照工业上用腐蚀系数对地热流体的腐蚀性进行分析评价。

源村地热井地热水的 pH 值 7.2,为碱性水,选用公式 $K_k=1.008[r(Mg^{2+})-r(HCO_3^-)]$ 计算腐蚀性,式中 r 为离子含量的每升毫克当量数。经计算 $K_k=2.157>0$,故此地热水为腐蚀性水(表3)。

表3 源村地热井地热水腐蚀性及结垢评价

地热水腐蚀性及结垢评价			源村地热水计算	评价结果
评价项目及指标		评价类型		
结垢评价	碳酸钙结垢趋势评价	RI<4.0	非常严重结垢	RI=4.88	严重结垢
		4.0<RI<5.0	严重结垢		
		5.0<RI<6.0	中等结垢		
		6.0<RI<7.0	轻微结垢		
		RI>7.0	无结垢		
腐蚀作用	腐蚀系数 K_k	$K_k>0$	腐蚀性水	$K_k=2.157>0$	腐蚀性水
		$K_k<0$, $K_k+0.0503[Ca^{2+}]>0$	半腐蚀性水		
		$K_k<0$, $K_k+0.0503[Ca^{2+}]<0$	非腐蚀性水		

2.4.2 地热水碳酸钙结垢趋势评价

源村地热井地热水的氯离子摩尔当量为20.95%,小于25%,因此,选用雷兹诺指数(RI)对碳酸钙结垢趋势进行分析评价,计算公式为

$$\begin{aligned} RI &= 2pH_s - pH_a \\ pH_s &= -\lg[Ca^{2+}] - \lg[ALK] + K_e \end{aligned} \quad (1)$$

式中:RI 为雷兹诺指数;pH_s 为流体的 pH 计算值;pH_a 为流体的 pH 实测值;$[Ca^{2+}]$ 为流体中钙离子的摩尔浓度;[ALK]为总碱度,即流体中的 HCO_3^- 离子的摩尔浓度;K_e 为常数,采用图解来估算[《城镇地热供热工程技术规程》(CJJ 138—2010)]。

由图查的 $K_e=1.58$。经计算,源村地热井地热水 RI 值为4.88,此地热水碳酸钙严重结垢(表3)。

3 热水温度估算

运用地热温标法对地下热水热储温度进行估算,对探讨地热水成因具有重要意义(单玄龙等,2019),这种方法经济且有效(Foumier,1977)。目前,主要的地热温标可分为阳离子温标、SiO_2 温标、同位素温标和气体温标4种。地热温标的应用条件各有不同,应用到同一水样估算得到的结果差异较大,在选用地热温标法前,需要判断矿物-流体的平衡状态(王莹等,2007;郑西来和刘鸿俊,1996)。

3.1 水-岩矿物平衡判断

Giggenbach 提出了 Na-K-Mg 三角平衡图解,用于判断水-岩的平衡状态(Giggenbach,1988)。该方法将地热流体划分为完全平衡、部分平衡和未成熟水 3 种类型。运用 Na-K-Mg 三角平衡图解法得到源村地热井的平衡状态(图 4),从图中可以看出,地热水落在未成熟水区域,表明地热水水样的水-岩之间仍未平衡,不宜选用阳离子温标计算热储温度。

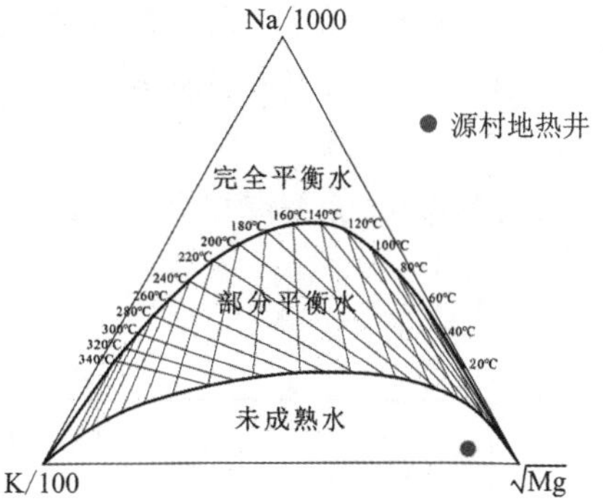

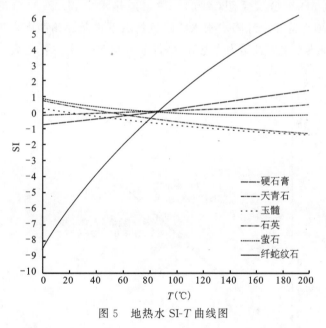

图 4 地热水 Na-K-Mg 三角平衡图解

3.2 多矿物平衡图解法

多矿物平衡图解法由 Reed 和 Spycher 于 1983 年提出,用于判别地热流体与矿物之间的总体化学平衡状态。其原理可以简单概括为:将流体的各类矿物的溶解程度与温度建立直接联系,某一特定温度下的某组矿物在同一时间趋于平衡,可以认为该组矿物在热水中达到溶解平衡,此时平衡的温度即是深部热储温度(郑西来和刘鸿俊,1996)。

根据地热水化学分析资料,本文利用 PHREEQC 水化学软件计算了硬石膏、天青石、萤石、玉髓、石英和纤纹蛇石 6 种矿物在温度 0~200℃ 的饱和指数 SI,SI=0 表明地热水中矿物溶解平衡,SI<0 表明矿物尚未达到饱和,SI>0 表明矿物过于饱和(许万才,1992),绘制出研究区矿物-地热流体平衡状态的 SI-T 曲线图(图 5)。从图 5 可以看出,地热水中硬石膏、天青石、萤石和纤纹蛇石 4 种矿物在温度 80~90℃ 之间与 SI=0 附近相交,因此判断源村地热井的热储温度在 80~90℃ 之间。

图 5 地热水 SI-T 曲线图

3.3 地球化学温标法

SiO_2 矿物在地热水中溶解-沉淀平衡浓度只与温度有关,且 SiO_2 沉淀随地热水温度的降低而减慢。温度降到 300℃ 以下,无定形 SiO_2 及石英的溶解度不再受压力、盐度的影响,其他离子和络合物对水中溶解的 SiO_2 影响也可不考虑(周训等,2017;谭梦如等,2019)。因此,广泛运用 SiO_2 作为地热温标对地热水温度估算。

由于源村地热井地热水出水口温度为 65℃,低于 100℃,说明无蒸汽损失存在,因此选用以下两种

SiO₂温标公式(Foumier,1977;Giggenbach,1988)计算源村地热井地热水热储温度,结果列于表4。

(1)石英温标-无蒸汽分离或混合作用。

$$T=-42.198+0.288\,31SiO_2+3.668\,6\times10^{-4}(SiO_2)^2+3.166\,5\times10^{-7}(SiO_2)^3+77.034\,1lgSiO_2 \tag{2}$$

(2)石英温标-无蒸汽损失(0~250℃)。

$$T=1309/(5.19-lgSiO_2)-273.15 \tag{3}$$

表4 源村地热井热储温度估算结果

水温(℃)	计算热储温度(℃)		热储温度估值(℃) [式(2)和式(3)平均值]
	式(2)	式(3)	
64	81.65	80.77	81.21

取式(2)和式(3)的平均值,得出利用SiO₂温标计算的源村地热井的热储温度约为81.21℃。

4 同位素应用

4.1 补给来源

地热水中稳定同位素 δD 和 $\delta^{18}O$ 的组成可用来判别地热水的成因(Qiu et al.,2018)。根据郑州西南大气降水线方程 $\delta D=8.01\delta^{18}O+8.23$(朱命和等,2005),与我国大气降水线方程 $\delta D=7.9\delta^{18}O+8.2$(郑淑蕙等,1983),绘制 δD-$\delta^{18}O$ 关系图(图6)。通过地热水中 δD 和 $\delta^{18}O$ 测试数据($\delta D=-77‰$, $\delta^{18}O=-10.6‰$)可知,测点落在全球降水雨水线附近的右下方及郑州西南大气降水线附近,氧同位素基本未发生漂移,表明地热水水源补给为大气降水,即研究区地热水主要由大气降水入渗至地下,经深循环加热形成。

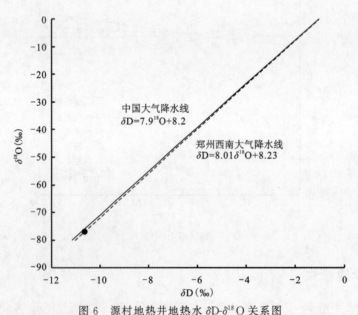

图6 源村地热井地热水 δD-$\delta^{18}O$ 关系图

4.2 补给高程

大气降水的氢、氧稳定同位素具有高程效应,即 $\delta^{18}O$ 或 δD 值随高程的增加而降低,因此可应用该效应特点来计算地热水补给区的高程,进而结合地热地质条件推断地热水大致的补给区范围。另外,由

于 δD 在水岩作用过程中比较稳定,且对区域海拔高度变化的反应更为灵敏(Qiu et al.,2018),故而选用 δD 值计算地下水的补给高程。

$$H = h + (\delta G - \delta P)/K \tag{4}$$

式中:H 为补给区高程(m);h 为取样点高程(m);δG 为水样中的 δD 值(‰);δP 为取样点附近的大气降水 δD 值(‰);K 为大气降水 δD 的高度梯度(‰)。

地热水的 δD 值为 −77‰,取样点海拔标高为 131m,取研究区东部开封凹陷区大气降水的 δD= 89.98‰作为参考计算值,δD 高度梯度每 100m 为 2.00‰~2.50‰(王现国等,2012)。

经计算,地热水的补给高程为 650~780m,结合区域地形地貌及水文地质条件判断,补给区范围为南部基岩山区。

4.3 热储循环深度

由同位素测试结果知,大气降水为源村地热水的补给来源,大气降水沿裂隙或破碎带下渗进行深循环,在循环过程中受高温围岩加热使得温度升高,地热水的温度随入渗循环深度的增大而增加,因此利用下式计算地热水的循环深度(周训等,2019)。

$$Z = G(T_z - T_0) + Z_0 \tag{5}$$

式中:G 为地热增温级(m/℃$^{-1}$);T_z 为热储温度(℃),取 81.21℃;T_0 为恒温带温度(℃),取巩义地区的恒温带温度 16.0℃;Z_0 为恒温带深度(m),取巩义地区的恒温带深度 32m。

源村地热井孔深 2135m 的温度为 65℃,经计算,地热增温级为 42.92m·℃$^{-1}$。将上述参数代入式(5),得出源村地热井的地热水循环深度约为 2831m。

5 地热成因分析

源村地热井取水段有效厚度为 130m,主要为奥陶系及寒武系灰岩、白云岩热储层,埋藏类型属基岩裂隙承压水。该区地热水地热类型属于断裂深循环(对流)型,热储类型为带状层状兼有型热储。地下水自南、南西向北、北东方向径流,补给区为南部基岩山区,大气降水是主要的补给来源。五指岭断层为区域活动深大断裂,具有多期活动性,断层破碎带的岩石裂隙发育,为深部地热流的传导提供了有利条件,为控热断裂。柳树沟断层、沙鱼沟断层及五指岭断层向深部切割,岩石强烈破碎,沟通了地下热源,使柳树沟断层及沙鱼沟断层成为导热断裂。南部的岩溶裂隙含水层接受大气降水的入渗补给,径流至五指岭断层和沙鱼沟断层后沿破碎带向上传导,至奥陶系和寒武系含水层后储集,经围岩的增温加热,形成地热资源(图7)。在经历深循环过程中,地下水与周围的环境发生水化学作用,形成水化学类型为 $SO_4·Cl$-$Ca·Na$ 的地热水,并且含有较多的偏硅酸和氟离子。

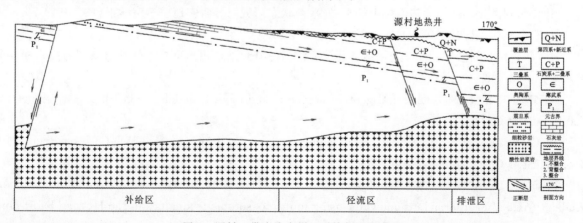

图7 源村一带岩溶水循环系统剖面示意图

6 结论

(1)源村地热井水温为65℃,为热水型低温地热资源,水化学类型属 $SO_4·Cl-Ca·Na$ 型,微咸水,其中 H_2SiO_3 和 F^- 含量均已达到可命名的矿水浓度,理疗价值较高。源村地热井地热水化学组分受水-岩作用控制,硅酸盐岩的溶解是其溶质组分的主要来源。

(2)由雷兹诺指数可以判断出,地热水中碳酸钙严重结垢。腐蚀系数 K_k 计算结果显示,地热水为腐蚀性水。

(3)源村地热井热储温度为81.21℃,热循环深度2831m。由同位素分析可知,大气降水为源村地热井地热水的主要补给来源,补给高程为650~780m,补给区范围为南部基岩山区。

(4)研究区地热水属断裂控制的中低温深循环对流系统,热储类型属寒武系—奥陶系灰岩带状热储。大气降水沿南部山区基岩裂隙和构造破碎带向下入渗形成深部地热水,径流至源村地区在断裂交汇处富集,形成地热资源。

主要参考文献

单玄龙,蔡壮,郝国丽,等,2019.地球化学温标估算长白山地热系统热储温度[J].吉林大学学报:地球科学版,49(3):662-672.

郭本力,杨鹏,袁杰,2022.日照市松柏地热井水化学特征及地热成因分析[J].山东科技大学学报:自然科学版,41(6):15-31.

卢兆群,彭明章,董妍,等,2022.山东平阴地热水水文地球化学特征及成因分析[J].中国地质调查,9(1):104-114.

马冰,贾凌霄,于洋,等,2021.世界地热能开发利用现状与展望[J].中国地质,48(6):1734-1747.

孟宪级,白丽萍,1997.地热水结垢趋势的判断[J].工业水处理,17(5):6-7.

谭梦如,周训,张彧齐,等,2019.云南勐海县勐阿街温泉水化学和同位素特征及成因[J].水文地质工程地质,11(3):70-80.

王继华,赵云章,郭功哲,2009.河南省地热资源研究[J].人民黄河,31(9):46-49.

王现国,张慧,张娟娟,2012.开封凹陷区地热水水化学特征及同位素分析[J].安全与环境工程,19(6):88-92.

王莹,周训,于湲,等,2007.应用地热温标估算地下热储温度[J].现代地质,21(4):605-612.

许万才,1992.饱和指数法在地下热水化学研究中的应用[J].地球科学与环境学报,14(3):66-70.

郑淑蕙,侯发高,倪葆龄,1983.我国大气降水的氢氧稳定同位素研究[J].科学通报(13):801-806.

郑西来,刘鸿俊,1996.地热温标中的水-岩平衡状态研究[J].西安地质学院学报,18(1):74-79.

周训,金晓媚,梁四海,等,2017.地下水科学专论[M].2版.北京:地质出版社.

朱命和,付中,刘彦兵,2005.应用地球化学方法讨论开封地热田地下热水的补给来源[J].物探与化探,29(6):493-496.

FOUMIER R O,1977. Chemical geothermometers and mixing models for geothermal systems[J]. Geothermics,5(1-4):41-50.

GIGGENBACH W F,1988. Geothermal solute equilibria. Derivation of Na-K-Mg-Ca geoindicators[J]. Geochimica et Cosmochimica Acta,52(12):2749-2765.

QIU X L,WANG Y,WANG Z Z,et al.,2018. Determining the origin, circulation path and residence time of geothermal groundwater using multiple isotopic techniques in the Heyuan Fault Zone of Southern China[J]. Journal of Hydrology,567:339-350.

REED M,SPYCHER N,1983. Calculation of pH and mineral equilibria in hydrothermal waters with application to geothermometry and studies of boiling and dilution[J]. Geochimica et Cosmochimica Acta,48(7):1479-1492.

YUAN J F,XU F,ZHENG T L,2022. The genesis of saline geothermal groundwater in the coastal area of Guangdong Province: insight from hydrochemical and isotopic analysis[J]. Journal of Hydrology,605:127345.

鲁山县薛寨构造地热田水化学特征及开发潜力研究

刘华平,周晓磊,王吉平,曹自豪,梅鹏里

(河南省第五地质勘查院有限公司,河南 郑州 450001)

摘 要:本次研究区薛寨地热田位于车村-下汤断裂带东延隐伏区,地貌上处于沙河一级阶地与丘陵接合部。通过物化探分析研究表明受到北西和北东向次级断裂带的影响,地温明显升高,形成了地热异常带。在隐伏断裂交汇处施工地热井1眼,进入安山岩裂隙带之后,水温43℃,涌水量30 m^3/h,据2019年、2020年动态监测,该井水量稳定,地热水氟和偏硅酸含量达到理疗热矿水标准,适合温泉洗浴、理疗。经过资源储量及潜力评价,地热水可开采量475 m^3/d,年开采量17.3×10^4 m^3,年可利用热能3.6×10^{13} J,折合标准煤1 227.59 t/a,产能0.69 MW,属小型构造地热田。潜力研究极具开采潜力区,填补了在鲁山五大温泉范围之外,通过综合研究及物化探方法成功找到地热田可能性。对当地乡村振兴能源结构调整,加快实现"碳达峰""碳中和"目标具有重要意义。

关键词:构造地热田;地热水;水化学特征;同位素;开发潜力

地热作为一种清洁可再生能源。对于双减意义重大,对助力乡村经济振兴的发展起到基础性作用。鲁山薛寨地热田的发现填补了在鲁山五大温泉外围车村-下汤断裂带东延隐伏区,通过综合研究及物化探方法成功找到地热田可能性,为鲁山县下一步地热资源开发利用及潜力研究提供了强有力的科学依据。

研究区薛寨地热田地貌类型属于山前冲积平原,多冲沟。北距鲁山县城7 km,西距碱厂15 km,紧挨南水北调干渠,交通极为便利。区位优势明显,地质构造位于为车村-下汤断裂带东延部分,北距车村-下汤断裂约850 m(图1)(刘华平等,2021)。

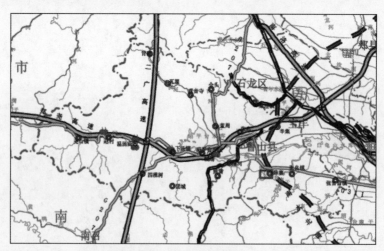

图1 研究区位置图

作者简介:刘华平(1979—),男,甘肃庆阳人,高级工程师,从事水文地质、环境地质和地热资源勘查方面的研究。E-mail:35868299@qq.com。

1 地质背景

研究区位于中朝准地台与秦岭褶皱衔接部位,地层属于华北地层区豫西分区渑池-确山小区和熊耳小区(齐玉峰等,2020)。由于构造活动强烈,岩浆岩十分发育,因而区内褶皱构造不发育,断裂构造及韧性剪切带成为区内的主要构造形式。

1.1 构造

研究区区域上经历了多期构造运动,断裂构造发育,变形强烈,主体构造线为北西西向或近东西向断裂构造规模大,切割深,是主要的断裂构造,区内的主要控热构造为车村-下汤的次级断裂,薛寨位于其隐伏地带。北西向及北东向断裂构造规模小,但密度大,是二级控热、导热、导水、储水的构造。

1.2 地层

区域上主要出露中元古界熊耳群(Pt_2xn)、汝阳群(Pt_2ry)和第四系(Q)。研究区位于沙河一级阶地与丘陵的接合部,地层仅有全新统(Qh^{al})冲积层,分布在沙河两岸的一级阶地上,呈条带状分布,不连续。岩性为粉土、粉质黏土、砂砾石等。

2 地热地质条件

2.1 地热类型

薛寨地热田属于断裂深循环型地热,热储类型为带状热储。分析研究,在薛寨村附近隐伏北西向断裂,为地热田的主要控热构造。

2.2 热储结构

研究区地热田热储结构相对简单,盖层为第四系为冲洪积物,厚度30m。热储岩性为中元古界熊耳群(Pt_2xn)安山玢岩,本次研究区地热井揭穿第四系,进入安山岩裂隙带之后,水温迅速上升,形成了地热异常带。

2.3 控热构造

研究区通过大地电磁测深,解译出3条断层(图2)。其中断裂F_{Y-2}从薛寨葡萄园地热井附近通过,走向近东西,倾向北,倾角65°~75°,南盘上升,北盘下降,为高角度正断层。断层宽度50~100m,断层富水性好,推断为薛寨地热田的主要控热构造。F_{1-1}断裂走向近北西,倾向北东,倾角65°~75°,南盘上升,北盘下降,为高角度正断层。断层宽度100~200m,为区域上的隐伏车村-下汤断裂。断裂F_{Y-2}深度在-100~-700m存在向右陡倾斜的低阻带,该区域最低电阻率低至100Ω·m,表明节理裂隙较为发育,富水性较好。深部热水在压力作用下,沿断裂F_{Y-2}上升进入第四系底部,当钻孔进入断层破碎带,便揭露热储层,找到地下热水。

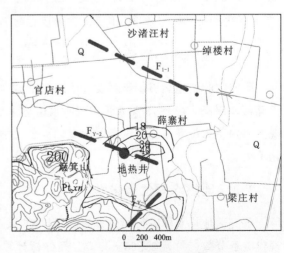

图2 薛寨地热田地质图

2.4 地温场特征

研究区共计调查12眼机民井,其中3眼井水温大于40℃,6眼井水温度介于25~40℃,其余均为17℃左右。地热田水温明显高于外围,且越靠近地热井温度越高,说明薛寨地热井分布区岩石的温度普遍较高。

温标计算结果:钾钠温标185.1℃,钾镁温标74.5℃,二氧化硅温标88.1℃。表明地热流体在上升运移到浅部之后,与浅层凉水相混合导致水温降低(表1)。

表1 薛寨地热田钾-钠、钾-镁、二氧化硅地热温标计算表

地热水温度(℃)	离子类型	平均离子浓度	离子类型	平均离子浓度	离子类型	离子浓度
43	K(mg/L)	7.67	K(mg/L)	7.67	SiO_2(mg/L)	36.86
	Na(mg/L)	147.15	Mg(mg/L)	3.1		
	T(℃)	185.1	T(℃)	74.5	T(℃)	88.1

由上表可以看出,钾钠地热温标计算结果明显偏高,介于137.4~185.1℃之间,这种较大的偏差进一步说明地热水并未达到水岩平衡状态。SiO_2地热温标计算结果介于88.1~111.5之间。钾镁地热温标计算结果比较切合,介于64.3~76.1℃之间。

3 地热田水化学特征

3.1 地热水化学组分特征

研究区地热水动态监测工作于2019年6月—2020年7月分别于鲁山马楼薛寨村取样2次,水质分析报告显示,地热水阳离子中以Na^+为主,含量为147.15mg/L,占阳离子的95.3%,Ca^{2+}、Mg^{2+}含量分别为11.33mg/L、2.64mg/L,其值偏低;阴离子中以HCO_3^-和SO_4^{2-}为主,含量分别为192.6g/L、123.2mg/L,占阴离子的37.3%和31.2%,其次为Cl^-、F^-及CO_3^{2-},含量分别为51.53mg/L、8.31mg/L、0.3mg/L,占阴离子的12.5%、12.8%、0.1%;比较突出的成分是pH值为7.35,F^-含量为8.31mg/L,偏高。H_2SiO_3含量为49.15mg/L,水温43℃,也较高。其他离子含量均为正常值。水化学类型为$HCO_3·SO_4$-Na型水。F^-含量达到命名矿水浓度,H_2SiO_3含量接近命名矿水浓度。

3.2 地热水动态特征

研究区薛寨地热田属于新发现的地热田,主要用于灌溉及家庭洗浴,开采量很小,地热1井主要用于葡萄园灌溉。由2019年6月份观测水位埋深9.74m,2020年7月份观测水位埋深10.17m,一个水文观测年内动水位埋深基本没有发生变化。水化学组分F^-、H_2SiO_3含量小于50mg/L,各种化学离子变化不大。

3.3 地热水同位素化学

研究区地热水样进行同位素分析,测试结果δD为$-70‰$,$\delta^{18}O$为$-9.9‰$,T<1.0(T.U),^{14}C结果现代碳百分数(%)为29.68±0.97。经分析计算,地热流体为大气降水补给,其补给区高程为1507m,补给源在西部尧山一带。现代碳百分数表现年龄为10.04±0.27ka(马致远等,2008)。

4 地热资源储量及开发潜力研究

4.1 地热资源储量计算

依据薛寨地热田热储类型、热储结构特征以及在此基础上建立的热储概念模型,选用"热储法"进行计算。计算公式如下。

$$Q=Q_r+Q_w \tag{1}$$

$$Q_r=Ad\rho_r c_r(1-\varphi)(t_r-t_0) \tag{2}$$

$$Q_i=Q_L\rho_w c_w(t_r-t_0) \tag{3}$$

$$Q_L=Q_1+Q_2 \tag{4}$$

$$Q_1=Ad\varphi \tag{5}$$

$$Q_2=ASH \tag{6}$$

式中:Q 为热储中储存的热量(J);Q_r 为岩石中储存的热量(J);Q_w 为水中储存的热量(J);Q_L 为热储中储存的水量(m^3);Q_1 为热水静储量(m^3);Q_2 为热储弹性释水量(m^3);A 为热储面积(m^2);d 为热储厚度(m);ρ_r 为热储岩石密度(kg/m^3);c_r 为热储岩石比热(J/kg℃);ρ_w 为地热水密度(kg/m^3);c_w 为地热水比热(J/kg℃);φ 为热储岩石孔隙度,无量纲;t_r 为热储温度(℃);t_0 为当地年平均气温,取 14.0℃;S 为弹性释放系数,无量纲;H 为计算起始点以上的高度。

1. 热储几何参数

热储面积:根据碱场地热田基本情况,采用断裂带模型,F_{Y-2} 破碎带热储面积(A)为 16 000m^2。

热储厚度:根据物探资料,确定安山岩破碎带热储厚度(d)为 150m。

2. 热储物理性质参数

热储温度:根据抽水试验过程中实测的地热流体井口温度,确定热储温度为 $t_r=43$℃。

热储岩石密度、比热:根据《地热资源地质勘查规范》(GB 11615—2010)附录 C,取 $\rho_r=2700kg/m^3$,$c_r=794J/kg$℃。

地热流体密度、比热:根据规范相应温度和压力条件下的地热流体密度 $\rho_w=990kg/m^3$,地热流体比热取 $c_w=4180J/kg$℃。

3. 热储渗透性和贮存能力参数

热储孔隙度:依据本区断裂发育及岩石破碎情况,取其平均值为 $\varphi=11\%$。

渗透系数、导流系数:依据地热 1 井抽水试验资料综合计算确定,$K=4.30m/d$,$T=102.2m^2/d$。

弹性释放系数:抽水试验资料计算确定,$S=0.085$。

地热资源储量计算见表 2。

表 2 地热资源储量计算结果表

地热田	热储中储存的水量(m^3)	水中储存的热量(J)	岩石中储存的热量(J)	热储中储存的热量(J)
薛寨	$6.72×10^5$	$7.79×10^{13}$	$1.28×10^{14}$	$2.06×10^{14}$

4.2 地热水可开采量计算与评价

地热水可开采量采用水位水量趋势法,研究区设计开采年限为 10 年,水位最大允许降深≤22m(收集钻孔资料第一热储层顶板埋深 32m)。

现以直线隔水边界附近的非稳定井流公式预测开采 10 年后的水位降深。设边界另对称的位置上有一虚井在工作,则总的降深为实井及虚井同时工作、各自所引起降深的叠加,即

$$S = \frac{Q}{4\pi T}[W(u) + W(u')] \tag{7}$$

当抽水时间足够长,满足 u 及 u' 小于 0.01 时,其近似式为

$$S = \frac{Q}{2\pi T}\ln\frac{2.25Tt}{\mu r\rho} \tag{8}$$

式中:Q 为流量;t 为开采时长,3650 天(10 年);r 为井半径,取 0.4m;ρ 为虚井到计算点的距离,取 80m;其他各项意义及取值同前;μ 和 μ' 为给水度。

若依据抽水试验,单位涌水量为 8.85m³/(h·m),当降深为 2.26m 时,流量为 19.8m³/h,动水位埋深为 10.22m。但经计算,以 475m³/d 的流量开采 10 年,所引起的水位降深为 9.80m,水位埋深 20.02m,在允许范围内。年开采量 17.3×10⁴ m³,年可利用热能 3.6×10¹³J,折合标准煤 1 227.59t/a,产能 0.69MW,属小型地热田。

4.3 地热资源开发潜力研究

根据薛寨地热田地热资源特征,采用水位降速趋势法、地热流体开采程度评价法、水化学指标分析法均可反映出地热资源开采潜力,本次运用这 3 个指标来制定适合于薛寨地热田开发潜力评价的方法。

4.3.1 水位降速趋势法

根据各地热田主要热储层最大水位降速等指标确定地热资源开发利用潜力,将其分为严重超采区、超采区、基本平衡区、具有一定开采潜力区、具有开采潜力区和极具开采潜力区。薛寨地热田最大水位降速为 0.08m/a,小于 0.1m/a,确定为确定地热田开采潜力分区。

4.3.2 地热流体开采程度评价法

采用对地热流体热量开采系数指标衡量地热资源开发利用潜力,即

$$CE = (E_k/E_y) \times 100\% \tag{9}$$

式中:CE 为地热流体热量开采系数,数值用"100%"表示;E_k 为地热流体开采热量(kJ/a);E_y 为地热流体允许开采热量(kJ/a)。

薛寨地热田开采热量 E_k 为 3.12×10¹²J,地热流体允许开采热量 E_y 为 3.60×10¹³J。热量开采系数(CE)为 8.67%,小于 40%,薛寨地热田潜力分区为极具开采潜力区。

4.3.3 水化学指标分析法

本次选用 F⁻、偏硅酸浓度下降速度作为指标,取两个指标中最不利者将其分为严重超采区、超采区、基本平衡区、具有一定开采潜力区、具有开采潜力区、极具开采潜力区。薛寨地热田偏硅酸含量 0.67mg/(L·a),小于 0.05mg/(L·a),F⁻ 含量 0.261mg/(L·a),小于 0.1mg/(L·a) 为极具开采潜力区。

经研究表明,3 种方法均反映出各地热田开采潜力,结果一致性较好,水位降速趋势法适用于存在大量监测数据的地热田,水位降速指标应根据地热地质条件及开发利用情况调整,对隆起山地型地热田水位降速指标应小于 0.5m/a;地热流体开采程度评价法适用于掌握地热田开发利用现状资料,并对该地热田可开采量有准确的计算,分区等级可根据地热田开发利用调整。水化学指标分析法适用于有五年及以上水化学数据的地热田,选用的离子应为地热田指示离子,如 Na⁺、K⁺、偏硅酸、F⁻,指标降速应根据地热田水化学特征拟定。

5 地热资源的开发利用与保护

5.1 地热资源开发利用

薛寨地热田目前的地热井深度 70m,井口水温 43℃,100m 以内都可以钻遇热储层。地热井成井深

度不大,为最经济的地热资源。依据地热 1 井降压实验,单位涌水量 $15.2m^3/(h·m)$。参照规范,属于适宜的开采区。地热水属于氟-硅复合型理疗热矿水,具有较高理疗价值。

5.2 地热资源保护措施

地热资源要在开发利用的过程中要注重保护,综合利用,提高利用效率(田廷山,2006)。加强动态监测系统建设,对包括薛寨在内的五大温泉地热田进行动态长期监测。监测内容包括开采量、水位、水温、水质,及时汇总并分析监测资料,对整个地热系统的动态规律进行综合研究,为地热资源的合理利用提供科学依据。为了保证地热井水质不受污染,使珍贵的热矿水资源能够持续开发利用,应在地热井周围建立三级防护区。

6 结语

(1)薛寨地热田鲁山县城南边车村断裂带的隐伏构造区,主要控热构造为车村-下汤的次级断裂。北西向及北东向断裂构造规模小,但密度大,是二级控热、导热、导水、储水的构造。

(2)研究区地热田热储结构相对简单,盖层为第四系冲洪积物,厚度 30m。热储岩性为中元古界熊耳群(Pt_2xn)安山玢岩。地热井揭穿第四系,进入安山岩裂隙带之后,水温迅速上升,形成了地热异常带。

(3)研究区地热水温度 43℃,2019、2020 年动态稳定。钾镁地热温标计算的热储温度平均值为 74.5℃,比地热井水温低,主要由于上层第四系冷水混入。

(4)研究区地热水可开采量 $475m^3/d$,年开采量 $17.3×10^4 m^3$,年可利用热能 $3.6×10^{13}$ J,折合标准煤 1 227.59t/a,产能 0.69MW,属小型地热田。

(5)根据水质评价,研究区地热水属于氟-硅复合型理疗热矿水,适合温泉洗浴、医学理疗。不适宜作为饮用天然矿泉水、生活饮用水、农业灌溉用水和渔业用水。

(6)依据潜力评价研究该区极具开采潜力区。该研究填补了在鲁山五大温泉范围之外车村-下汤断裂带东延隐伏区,通过综合研究及物化探方法成功找到地热田可能性。对当地乡村振兴能源结构调整,加快实现"碳达峰""碳中和"目标具有重要意义。

主要参考文献

马致远,余娟,李清,等,2008.关中盆地地下热水环境同位素分布特征及其水文地质意义[J].地球科学与环境学报,30(4):190-197.

齐玉峰,王文娟,李尧,2020.地质构造对黄河下游(河南段)地热分布的影响分析[J].华北水利水电大学学报(自然科学版),41(5):67-72.

田廷山,2006.中国地热资源及开发利用[M].北京:中国环境科学出版社.

周念沪,2006.地热资源开发利用实务全书[M].北京:中国地质科学出版社.

博爱县矿山地质环境现状监测研究

张文培,李屹田,武保珠,陈 阳

(河南省自然资源监测和国土整治院,自然资源部黄河流域中下游水土资源保护与修复重点实验室,
河南省地质灾害综合防治重点实验室)
河南 郑州 450016)

摘 要:随着矿山开采的不断深入,矿山地质环境监测的重要性越来越受到重视。本文以博爱县采矿区为研究对象,对受采矿活动影响的地下水水位、地下水水质、土壤污染及地表形变等要素进行监测,形成博爱县最新的矿山地质环境监测数据,为研究矿山地质环境变化规律和生态修复工作提供基础数据。

关键词:矿山地质环境;监测;地下水;土壤;地表变形

0 引言

在矿山的开采过程中,往往会产生泥石流、滑坡等地质灾害,这是矿山地质环境中比较常见的一种现象。但是人为的矿山山体开采往往加剧此类地质灾害的发生,不同的开采方式造成不同程度上的地质灾害发生(陈军,2021)。矿山地质环境监测是正确开展矿山地质环境保护和监督管理的一项基础性工作,是及时掌握矿山地质环境动态变化、分析研判采矿活动对区域地质环境的影响、提出矿山地质环境保护与治理对策建议、为更好地实施矿山地质环境监督管理提供依据,对促进矿产资源开发与矿山地质环境保护协调发展,加速实现绿色矿山建设目标有着重要意义(徐振英,2020;李喆,2020;陈阳等,2020)。

1 研究区基本概况

博爱县位于河南省西北部,太行山南麓,豫晋两省交界处,隶属焦作市管辖,调查区涵盖整个县域,面积 427.61km²,总人口 40 万。该地区属暖温带大陆性季风气候区,四季分明,春季干旱多风,夏季炎热多雨,秋季昼暖夜凉,冬季寒冷干燥。地貌类型主要为山地、丘陵和平原,以山地和平原为主。地势北高南低,呈阶梯状分布,最高峰靳家岭峰海拔 998.2m。县域内焦(作)枝(城)铁路横贯东西,焦(作)太(原)铁路向北直通山西,省道 S104、S237、S306、S308 及焦晋、焦(作)温(县)、济(源)焦(作)新(乡)高速公路均穿过县境,县、乡公路四通八达,交通十分便利。

2 研究区矿产资源及地质环境现状

2.1 矿产资源与开采利用现状

博爱矿产资源丰富。北部中低山区分布有耐火黏土、水泥用灰岩、铁矿、硫铁矿、陶瓷土等;南部平

作者简介:张文培,(1991—),女,硕士,助理工程师,主要从事地质环境调查、评价及监测工作。E-mail:2473053179@qq.com。

原区除砖瓦用黏土外,深部分布着地下水、地热等矿产。已查明资源储量的矿种有 5 种(耐火黏土、水泥用灰岩、铁矿、硫铁矿、陶瓷土)。上储量表矿产地 10 个,矿床规模大型 1 个,中型 2 个,小型 7 个,其中开采矿区用 7 个,未利用矿区 3 个,剩余保有量耐火黏土矿 1 086.62 万 t,水泥用灰岩 423.422 万 t,铁矿 127.41 万 t,硫铁矿 67.695 万 t,陶瓷土 39 万 t。

2.2 矿山地质环境现状

截至 2021 年底,博爱县矿产资源开发区发育地质灾害隐患点 13 处,均为小型,其中崩塌 7 处、滑坡 4 处、泥石流 2 处。矿山挖损、占压土地资源面积共 158.45hm²,土地类型为耕地、园地、林地、草地等,其中有证矿山挖损、占压土地资源面积 62.76 hm²;责任人灭失矿山占压土地资源面积 95.69hm²。无主废弃矿山地形地貌景观破坏面积共 77.14hm²。采矿区附近区域民井的水位均有不同程度的下降。

3 矿山地质环境监测方案

研究区将地下水水位、地下水水质、土壤污染、地表变形等作为监测要素,以了解研究区矿山地质环境的变化情况,为矿山地质环境防治提供基础数据。

3.1 地下水水位监测

本次地下水水位监测分为长观点监测和统调点监测。其中地下水位长期监测点 21 个(图 1),监测频率为 3 次/月,共监测 588 点次;地下水位统调监测点 20 个,分别在丰水期、枯水期各进行 1 次,共监测 40 点次。

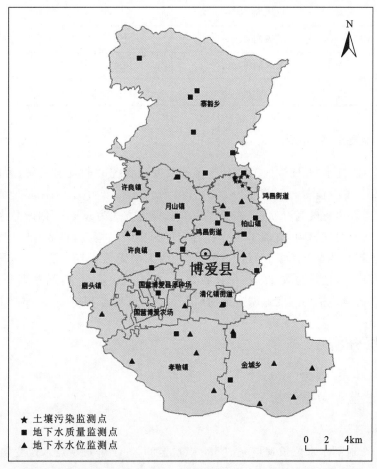

图 1 博爱县地下水位长观点、水质监测点与土壤污染监测点分布图

3.2 地下水水质监测

本次地下水化学场监测点24个(图1),每个监测点采集4个样品,分别是原水样、酸样、碱样、生物样。

3.3 土壤污染监测

本次土壤环境监测选择以博爱县柏山硫铁矿堆渣场为起点,分别按照水流向和风向共取样10组。其中,堆渣场取1组土壤样,水流向分别在水流向100m、200m、500m、1000m、1500m取5组土壤样,风向分别在下风向100m、200m、500m、1000m取4组土壤样,取样深度为30cm(表1)。每处取样2件,分别用于54种元素指标和土壤水溶性盐分析。

表1 2022年博爱县土壤污染监测点汇总表

序号	统一编号	地理位置	经度	纬度
01	LTK-1	水流向1500m	113°5′50.32″	35°13′39.87″
02	LTK-2	水流向1000m	113°5′32.10″	35°13′48.08″
03	LTK-3	水流向500m	113°5′21.44″	35°14′0.81″
04	LTK-4	水流向200m	113°5′11.71″	35°14′1.00″
05	LTK-5	水流向100m	113°5′8.04″	35°14′8.38″
06	LTK-6	堆渣场	113°5′6.46″	35°14′11.77″
07	LTK-7	下风向100m	113°5′9.32″	35°14′12.55″
08	LTK-8	下风向200m	113°5′12.21″	35°14′12.51″
09	LTK-9	下风向500m	113°5′28.05″	35°14′13.94″
10	LTK-10	下风向1000m	113°5′46.97″	35°14′15.75″

3.4 InSAR地表形变监测

该研究应用InSAR技术,开展地面沉降分布区域及变化状况的调查与监测,为博爱县防治地面沉降提供基础测量数据。本次监测时间跨度为2021年4月—2022年6月,为满足地面沉降监测精度,采用Sentinel-1A数据的轨道方向为升轨,工作模式为IW,极化方式为VV,数据产品为SLC,地面分辨率为5m×20m。为了减少大气影响,查阅了工作区各市的历史天气情况,在成像时间选择上避免了气象条件变化所带来的去相干及误差因素,项目所选数据均为无雨无雪天气,综合空间垂直基线小、时间基线小且时间间隔分布均匀,最终选取34景SAR数据(每年16景),进行时间序列分析。通过获取监测区间内雷达视线方向的地表平均形变速率进而对研究区进行形变监测。

4 监测数据分析

4.1 地下水位监测数据分析

1. 长观点水位监测

2022年共对21个地下水水位长观点完成588点次监测,为了解长观点水位变化,用2022年长观数据与2021年、2020年同观测点同月份长观数据比较(表2)。

表 2 2022 年博爱县地下水长观点水位监测对比统计表　　　　　　　　　　　　　　　　　单位:m

监测点	月份	2020 年	2021 年	2022 年	水位变化	
					2022 年与 2021 年相比	2022 年与 2020 年相比
JZDXSJ7	6 月	283.95	256.97	237.48	−19.49	−46.47
	7 月	281.34	255.97	234.71	−21.26	−46.63
	8 月	285.31	254.98	233.28	−21.7	−52.03
	9 月	285.50	253.98	231.76	−22.22	−53.74
JZDXSJ8	6 月	17.66	17.15	20.87	3.72	3.21
	7 月	17.52	16.23	20.23	4	2.71
	8 月	17.34	15.64	19.88	4.24	2.54
	9 月	17.12	14.80	19.27	4.47	2.15
JZDXSJ9	6 月	24.41	19.37	18.11	−1.26	−6.30
	7 月	24.68	18.82	17.76	−1.06	−6.92
	8 月	22.84	18.28	17.25	−1.03	−5.59
	9 月	22.64	17.73	16.76	−0.97	−5.88
JZDXSJ32	6 月	18.85	16.11	20.11	4	1.26
	7 月	18.31	15.45	19.95	4.5	1.64
	8 月	17.85	14.80	19.72	4.92	1.87
	9 月	17.84	14.15	19.42	5.27	1.58
JZDXSJ33	6 月	24.90	23.41	41.54	18.13	16.64
	7 月	24.42	23.40	40.67	17.27	16.25
	8 月	23.81	23.71	39.26	15.55	15.45
	9 月	24.28	23.37	38.14	14.77	13.86
JZDXSJ34	6 月	9.76	7.45	5.26	−2.19	−4.50
	7 月	9.15	6.75	4.86	−1.89	−4.29
	8 月	8.65	6.05	4.55	−1.5	−4.10
	9 月	8.99	5.35	4.08	−1.27	−4.91
JZDXSJ52	6 月	33.21	24.97	19.43	−5.54	−13.78
	7 月	32.5	24.00	19.17	−4.83	−13.33
	8 月	31.61	23.03	18.72	−4.31	−12.89
	9 月	32.07	22.05	18.13	−3.92	−13.94
JZDXSJ53	6 月	24.85	25.32	24.78	−0.54	−0.07
	7 月	24.78	23.77	23.57	−0.2	−1.21
	8 月	24.59	22.22	22.08	−0.14	−2.51
	9 月	25.1	20.67	18.76	−1.91	−6.34

续表2

监测点	月份	2020年	2021年	2022年	水位变化	
					2022年与2021年相比	2022年与2020年相比
JZDXSJ54	6月	24.83	24.69	16.15	-8.54	-8.68
	7月	23.66	23.42	15.64	-7.78	-8.02
	8月	23.17	22.14	15.39	-6.75	-7.78
	9月	23.54	20.87	15.09	-5.78	-8.45
JZDXSJ48	6月	6.82	4.44	6.65	2.21	-0.17
	7月	6.77	3.99	5.84	1.85	-0.93
	8月	6.76	3.54	5.19	1.65	-1.57
	9月	6.85	3.09	4.65	1.56	-2.2
JZDXSJ49	6月	12.9	7.81	3.38	-4.43	-9.52
	7月	12.68	6.89	3.25	-3.64	-9.43
	8月	12.42	5.96	3.06	-2.9	-9.36
	9月	11.54	5.04	2.54	-2.5	-9.00

监测点JZDXSJ7（月山镇东矾厂村）、JZDXSJ9（柏山镇水运村）、JZDXSJ34（磨头镇北十字村）、JZDXSJ52（柏山镇上期城村）、JZDXSJ53（柏山镇马营观村）、JZDXSJ54（清化镇街道义沟村）、JZDXSJ49（金城乡白马沟村）的水位均为上升。其中，水位上升最大的监测点为JZDXSJ7，位于月山镇东矾厂村。与2021年数据相比，该监测点平均上升21.17m，上升幅度最大的为9月份，上升22.22m。与2020年数据相比，该监测点平均上升49.72m，上升幅度最大的为9月份，上升53.74m。水位上升主要与本区域季节性降雨有关。

监测点JZDXSJ8（寨豁乡东仲水村）、JZDXSJ32（许良镇狄林村）、JZDXSJ33（许良镇大新庄村）、JZDXSJ48（清化镇街道北朱营村）的水位均为下降。其中，水位下降最大的监测点为JZDXSJ33，位于许良镇大新庄村。与2021年数据相比，该监测点平均下降16.43m，下降幅度最大的为6月份，下降18.13m。与2020年数据相比，该监测点平均下降15.55m，下降幅度最大的为6月份，下降16.64m。水位下降主要与区域地下水超采有关。

2. 统调点水位监测

2022年在枯水期与丰水期各进行1次地下水统调监测共40点次，对比两次统调数据（图2），最大变幅水位上升4.09m。针对个别监测孔出现的丰水期水位低于枯水期水位的情况，主要受疫情封控影响，监测孔丰水期水位于12月份采集以及地下水位动态变化等因素影响。

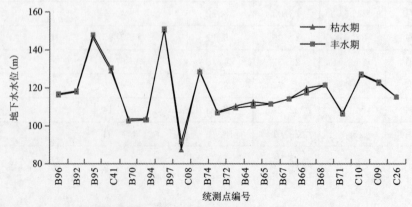

图2 研究区统调点枯水期与丰水期地下水位监测统计折线图

4.2 地下水质监测数据分析

本研究共分析地下水水质样 24 组,均为孔隙水。按照《地下水质量标准》(GB/T 14848—2017)规定,参评因子有 pH、总硬度、溶解性总固体、硫酸盐、氯化物、铁、锰、铜、锌、挥发酚类、耗氧量、硝酸盐、亚硝酸盐、氨氮、氟化物、氰化物、汞、砷、硒、镉、铬(六价)、铅、钠、铝、碘化物、银共 26 项。经过综合评价,Ⅲ类水 7 组,Ⅳ类水 4 组,Ⅴ类水 13 组。

4.3 土壤污染监测数据分析

通过对柏山硫铁矿水流向剖面采集的 6 件土样进行分析,重金属超过风险值的占有 3 个,主要为砷、铜、镉元素超标,主要分布在 LTK-1、LTK-3 号点位,分别位于水流向 1500m、500m 处,在司窑村附近。其余汞、铅、镍、铬、锌等含量均未超过《土壤环境质量农用地土壤污染风险管控标准(试行)》(GB 15618—2018)中的风险筛选值。

博爱县柏山硫铁矿主风向剖面土壤监测剖面共取土样 4 件。镉、汞、砷、铜、铅、铬、锌、镍随矸石山的距离含量均未超过《土壤环境质量农用地土壤污染风险管控标准(试行)》(GB 15618—2018)中的风险筛选值。

博爱县柏山硫铁矿附近土壤存在污染的风险。柏山硫铁矿水流向 1500m 处土壤质量变差,其主要与在一定条件下土壤中的重金属可随水的移动发生局部扩散迁移、沉积等因素有关。

4.4 InSAR 地表形变监测

对收集的 2021 年 4 月至 2022 年 6 月的 34 景升轨 Sentinel-1A 数据进行处理,主要包括对数据导入、数据裁剪、连接图生成、干涉工作流、轨道精炼和重去平、SBAS 两次反演、地理编码等分析,以获取监测区间内雷达视线方向的地表平均形变速率。

博爱县 2021 年 4 月至 2022 年 6 月共有 3 处沉降区域,均位于北部山区:一处沉降区域位于鸿昌街道,最大沉降点经度 113°4′1.832″,纬度 35°13′16.877″,最大沉降量为 32.75mm;一处沉降区域位于月山镇,最大沉降点位于经度 113°1′27.404″,纬度 35°13′2.728″,最大沉降量为 13.46mm;一处沉降区域位于寨豁乡一处,最大沉降点位于经度 113°5′40.671″,纬度 35°19′45.954″,最大沉降量为 30.46mm。

依据《地面沉降干涉雷达数据处理技术规程》(DD 2014—11)中对地面沉降严重程度划分标准(表3),绘制了博爱县 InSAR 地面沉降严重程度分级图(图3)。

表3 博爱县 2021 年 4 月至 2022 年 6 月地面沉降发育程度面积统计一览表

地面沉降发育程度分级	高	较高	中等	较低	低	稳定及抬升
2021—2022 年年平均变形速率(mm/a)	<−80	−80～−50	−50～−30	−30～−10	−10～0	≥0
面积(m²)				121 742 716.81	131 358 014.72	174 592 498.17
比例(%)				28.46	30.71	40.83

注:研究区监测结果中年平均沉降速率小于−30mm/a 极少,且没有集中分布情况,研究区没有划分地面沉降中等发育以上区域。

博爱县地面沉降严重程度划分 3 个等级:−30～−10mm/a 地面沉降较低发育区域的面积为 121 742 716.81m²,占总面积的 28.46%;−10～0mm/a 地面沉降较高发育区域的面积为 131 358 014.72m²,占总面积的 30.71%;大于等于 0mm/a 地面沉降中等发育区域的面积为 174 592 498.17m²,占总面积的 40.83%。

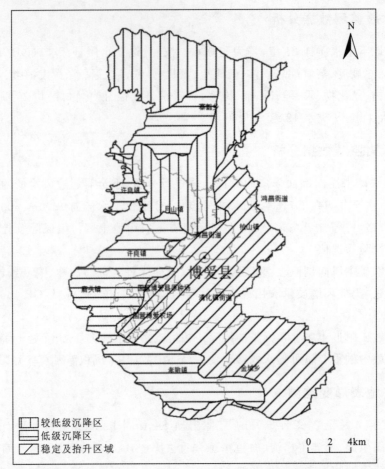

图 3 博爱县 2021 年 4 月至 2022 年 6 月 InSAR 地面沉降严重程度分级图

5 结论

矿山地质环境监测直接关系到矿区的经济和生态环境发展,因此开展矿山地质环境监测是一项非常基础性的工作,对提升区域地质环境保障能力具有十分重要的意义。但在对矿山地质环境进行监测时,一定要采用正确的监测方法,做出科学性、可行性的监测结果分析。本次研究将地下水水位、地下水水质、土壤污染、地表变形等作为监测要素,对博爱县矿山地质环境现状和发展趋势做了进一步评价。随着矿山地质环境监测研究水平的提高和监测技术方法的革新,矿山地质环境监测要素会得到不断的完善和优化,针对具体的监测要素采取切实可行的地质环境监测方法,为矿山地区的地质环境保护和生态环境修复提供重要的数据支撑。

主要参考文献

陈军,2021.遥感技术在矿山地质环境监测中的应用[J].中国金属通报(11):185-186.
徐振英,2020.河南省矿山地质环境动态遥感监测分析研究[J].环境科学与管理,45(2):120-123.

矿山开采对沁阳市地质环境影响评价研究

甄娜,高小旭,侯国伟,张文培

(河南省自然资源监测和国土整治院,河南省地质灾害综合防治重点实验室,
自然资源部黄河流域中下游水土资源保护与修复重点实验室,河南 郑州 450016)

摘 要:矿山开采活动破坏人居环境和生态系统,威胁矿区及周边居民的生命财产安全。以河南省沁阳市为研究区,从地下水环境、土壤环境、地质灾害三个方面对沁阳市2022年矿山地质环境进行评价。结果表明:2022年水位普遍出现回落;孔隙水水质Ⅱ类、Ⅲ类水较往年增加,岩溶水水质Ⅳ类水较往年增加;土壤未受到重金属污染。评价结果对于沁阳市保护生态环境,制定矿山生态修复治理规划具有指导意义。

关键词:地质环境;矿山;评价

0 引言

社会的发展促进矿产资源的开发,但在采矿过程中存在着重管理轻环境保护、技术落后和采矿资金有限等问题。过度开发等一系列的问题对矿山地质环境造成严重的破坏,并引发许多次生地质灾害或隐患(陈军,2021),导致地形地貌景观破坏较为严重,产生了诸如地面塌陷、裂缝、地下水位下降、水土污染等诸多地质环境问题,不仅制约了经济社会的可持续发展,而且破坏了人居环境和生态系统,威胁矿区及周边居民的生命财产安全(张涛,2014),因此需要对矿山地质环境进行监测。矿山地质环境监测主要包括原生地形地貌变化、地质灾害、水土环境、修复地质环境及制定治理策略等(迟占东,2013)。

开展矿山开采对沁阳市地质环境影响评价研究,查明矿山地质环境问题的分布、类型、特征、数量等信息,全面了解沁阳市矿山地质环境现状,为因地制宜制定治理方案提供基础资料。

1 研究区概况

沁阳市隶属河南省焦作市,位于太行山南麓,焦作市西南部,面积623.5km²,东经112°42′35″—113°02′34″,北纬34°59′16″—35°18′42″,辖4个办事处、6镇3乡,共329个行政村,总人口49.8万人。多年平均气温14.3℃,最高42.1℃,最低-18.6℃,多年平均降水量547.5mm。地貌类型主要为低山、丘陵和平原,面积分别为158.2km²、54.8km²、410.5km²。地形北西高南东低,北部太行山地形陡峭,海拔200～1000m;南部平原地势平坦,向南东倾斜,海拔120～150m。市、乡公路四通八达,目前已实现公路村村通,交通十分便利。

作者简介:甄娜,(1985—),女,本科,工程师,主要从事水工环地质、矿山地质环境调查及监测工作。E-mail:30881124@qq.com。

2 研究区矿产资源及地质环境现状

2.1 矿产资源概况

沁阳市矿产主要分布于北部中低山区,主要是石灰岩、白云岩、铁、耐火黏土、高岭土、铁矾土、铝土矿等;南部平原区除砖瓦用黏土外,深部分布着地下水、地热等矿产,主要以非金属矿产为主,金属矿产较少。沁阳市有2家生产矿山,露天开采铁矾土、铝土矿,其余为闭坑矿山,无在建矿山。

2.2 地质环境现状

1. 采矿引发的地质灾害

沁阳市矿产资源开发区发育地质灾害隐患点14处,滑坡1处、崩塌8处和泥石流5处。滑坡规模为小型;崩塌大型1处、小型7处;泥石流特大型1处、大型2处、中型1处、小型1处。

2. 占用及破坏土地资源

沁阳市矿山企业划定矿区范围面积约9.01km^2,因矿山开发占用和破坏土地点多面广,程度各不相同。西向镇、西万镇、山王庄镇、常平乡露天采石场占用和破坏土地资源较为严重;开挖出来的土石方异地存放,占压土地,破坏植被,易引发水土流失,堵塞下游河道,破坏下游生态环境。

3. 含水层破坏

开采造成地层裸露、爆破造成裂隙发育,增加了地表水补给地下水的通道,改变了地下水的补给条件,沁阳局部地段出现含水层水位下降、水质污染等。

3 地质环境评价

3.1 地下水环境监测评价

地下水环境监测主要包括地下水长期监测、地下水位统调监测、地下水水质监测。地下水长期监测点6个,监测频率3次/月,5月到9月共完成162点次;地下水位统调监测点35个,因疫情影响,只监测丰水期地下水位,监测频率1次/年;地下水水质分析25组,其中20组孔隙水,5组岩溶水,监测频率1次/年。利用2022年监测结果与2021年进行对比,评价该区地下水环境变化情况。

3.2 土壤环境监测评价

构建沁阳虎村方山黏土矿渣土监测剖面,沿着地下水流向采取土壤监测样,地下水流向自渣土山坡脚起向南方向,取样起点位于沁阳校尉营村北部,终点为留庄村。全长约3500m,取样点10处,取样间距为起点、100m、200m、500m、1000m、1500m、2000m、2500m、3000m、终点等,取样深度为30cm,共采取土样10件。土壤测试内容包括土壤理化性质、土壤微量元素和重金属元素等。利用2022年土壤监测结果与2016年度数据对比,评价区域土壤环境变化情况。

3.3 地质灾害调查

通过野外实地调查,借助遥感影像等手段对研究区地质灾害隐患点进行调查统计分类。查明各类地质灾害诱发因素,为地质灾害防治提供决策依据。

4 地质环境监测评价分析

4.1 地下水位监测评价分析

1. 长观点水位

比较 2022 年与 2021 年同观测点同月份长观数据,可以看出 2022 年水位普遍出现回落(表1)。

表1 长观点地下水位监测对比统计表　　　　　　　　　　　　　　　　　　　　　　　　　　单位:m

监测点	月份	2021年	2022年	水位变化	监测点	月份	2021年	2022年	水位变化
JZDXSJ35	5月	117.59	115.39	−2.2	JZDXSJ45	5月	118.84	121.6	2.76
	6月	117.72	115.7	−2.02		6月	119.68	122.45	2.77
	7月	118.07	116.08	−1.99		7月	120.98	123.66	2.68
	8月	118.41	116.35	−2.06		8月	122.28	124.67	2.39
	9月	118.76	116.66	−2.1		9月	123.58	125.62	2.04
	10月	118.2				10月	124.73		
JZDXSJ36	5月	106.29	105.35	−0.94	JZDXSJ46	5月	115.61	111.77	−3.84
	6月	108	105.73	−2.27		6月	115.34	111.17	−4.17
	7月	109.67	107.04	−2.63		7月	114.81	110.8	−4.01
	8月	111.34	108.5	−2.84		8月	114.28	110.48	−3.8
	9月	113.01	110.07	−2.94		9月	113.76	110.18	−3.58
	10月	113.76				10月	116.37		
JZDXSJ37	5月	107.9	107.56	−0.34	JZDXSJ47	5月	120.54	122.21	1.67
	6月	108.61	107.87	−0.74		6月	122.36	122	−0.36
	7月	109.83	108.56	−1.27		7月	124.76	122.91	−1.85
	8月	111.05	109.27	−1.78		8月	127.16	123.87	−3.29
	9月	112.27				9月	129.56	125.97	−3.59
	10月	113.15				10月	129.55		

2. 统调点水位

对比 2021 年丰水期统调数据见(表2),最大变幅水位位于沁阳市西向镇虎子村西逍遥村东(AS-108),下降 7.89m。

表2 统调点丰水期地下水位监测对比统计表　　　　　　　　　　　　　　　　　　　　　　　单位:m

编号	孔位	2021年丰水期	2022年丰水期	水位变化
MX-19	沁阳市王召乡东感化村东	104.88	103.6	−1.28
QY-06	沁阳市西向镇南作村东南	141.85	140.87	−0.98
QY-01	沁阳市紫陵镇宋寨南	129.5	126.58	−2.92
QY-11	沁阳市西向镇皇府西	122.47	121.24	−1.23
QY-08	沁阳市西向镇南	124.58	120.78	−3.8

续表 2

编号	孔位	2021年丰水期	2022年丰水期	水位变化
QY-13	沁阳市西万镇小辛庄东	121.2	116.9	−4.3
QY-10	沁阳市西向镇龙泉北	123.15	121.44	−1.71
QY-15	沁阳市西向镇刘伯义庄	124.66	123.57	−1.09
QY-39	沁阳市木楼镇东木楼村北	111.92	107	−4.92
QY-31	沁阳市木楼镇邢庄西南	114.5	112.2	−2.3
QY-36	沁阳市城关镇顾庄西北	115.29	112.3	−2.99
QY-37	沁阳市城关镇王门村西后门村东	112.05	109.6	−2.45
QY-32	沁阳市西渠沟乡曹庄西	120.46	118	−2.46
QY-41	沁阳市王曲乡后赵庄北	114.3	112	−2.3
QY-55	沁阳市柏乡镇杨庄北	123.73	121.5	−2.23
QY-61	沁阳市柏乡镇西两水西	125.39	122.6	−2.79
QY-45	沁阳市王曲乡西王曲村西	121.83	120.47	−1.36
QY-60	沁阳市葛村乡南寻南	126.98	123.1	−3.88
QY-43	沁阳市王曲乡肖作村南	117.33	114.2	−3.13
QY-58	沁阳市柏乡镇伏背村南	126.98	125.34	−1.64
QY-33	沁阳市王曲乡呼庄	118.72	116.2	−2.52
QY-35	沁阳市太行街道白庄西	117.76	116.56	−1.2
QY-28	沁阳市王召乡冯义村西南	112.37	107.9	−4.47
QY-22	沁阳市怀庆街道北金村东	115.78	113.9	−1.88
QY-50	沁阳市崇义镇西韩吴村西南	115.87	111.9	−3.97
QY-64	沁阳市崇义东北	104.21	101.9	−2.31
QY-48	沁阳市崇义镇水运西南	119.46	116.7	−2.76
QY-54	沁阳市柏乡镇西王梁村西北	124.37	121	−3.37
AS-111	沁阳市紫陵镇正北庄北	97.4	100.36	2.96
AS-110	沁阳市紫陵镇赵寨西	134.63	135.32	0.69
AS-108	沁阳市西向镇虎子村西逍遥村东	147.4	139.53	−7.87
AS-104	沁阳市西万转盘东南煤场	154.86	152.54	−2.32
AS-106	沁阳市西万镇邘邰	138.58	137.24	−1.34
AS-109	沁阳市西万镇义庄西	136.02	134.85	−1.17
AS-103	沁阳市山王庄大郎寨村东供水井	130.77	128.75	−2.02

4.2 地下水质监测评价分析

1. 松散层孔隙水水质

20组水样单项组份浑浊度、硫酸盐、硝酸盐、总硬度、溶解性总固体等5项达到Ⅴ类水标准。综合评价结果为Ⅱ类水6组，Ⅲ类水8组，Ⅳ类水2组，Ⅴ类水4组，较往年孔隙水水质Ⅱ类、Ⅲ类水增加。

2. 岩溶水水质

5组水样中JZSZJ49(西万校尉营)单项组份硝酸盐达到Ⅴ类水标准。综合评价结果为Ⅳ类水4组，Ⅴ类水1组。岩溶水水质Ⅳ类水较往年增加。

4.3 土壤污染监测评价分析

虎村黏土矿主风向土壤监测剖面共取土样10件。镉、汞、砷、铜、铅、镍、锌、铬随距离其含量变化见图1～图8，锌和铬等含量随距离变化呈下降趋势；其他含量变化不明显。与2016年度数据相比，各取样点砷和镍含量有增大趋势，铜、铅和铬元素有减小趋势，其他元素无明显变化。

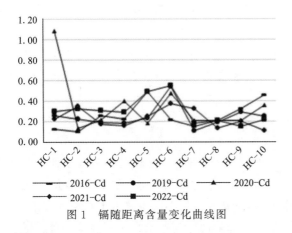

图1 镉随距离含量变化曲线图

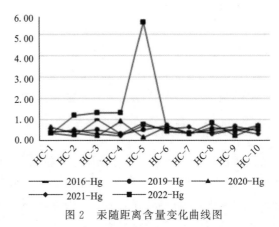

图2 汞随距离含量变化曲线图

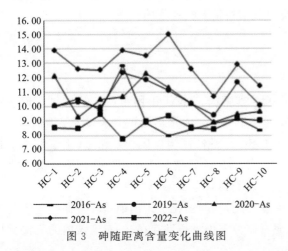

图3 砷随距离含量变化曲线图

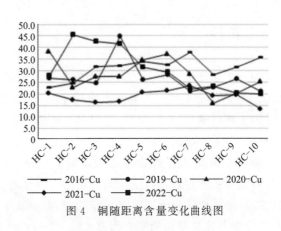

图4 铜随距离含量变化曲线图

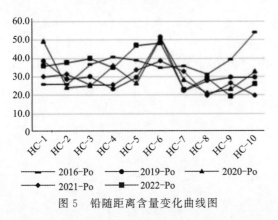

图5 铅随距离含量变化曲线图

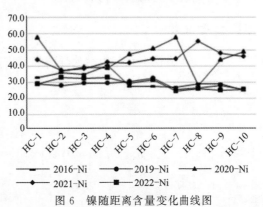

图6 镍随距离含量变化曲线图

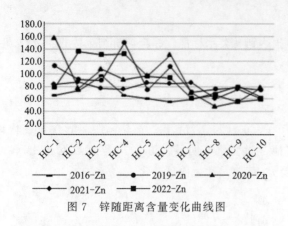

图7 锌随距离含量变化曲线图

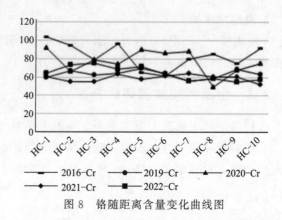

图8 铬随距离含量变化曲线图

虎村黏土矿镉、汞、砷、铜、铅、镍、铬、锌等含量均未超过《土壤环境质量农用地土壤污染风险管控标准(试用)》(GB 15618—2018)中的风险筛选值。土壤综合污染等级为安全级,污染水平为清洁,土壤重金属污染等级为安全级,土壤未受到重金属污染。

4.4 地质灾害评价分析

沁阳市矿产资源开发区发育地质灾害隐患点14处,滑坡1处、崩塌8处和泥石流沟5处。滑坡规模为小型,崩塌大型1处、小型7处,泥石流特大型1处、大型2处、中型1处、小型1处。滑坡、泥石流均分布于北部中低山;滑坡损失为小—中等,分布于露天采场,露天采场滑坡主要危害对象为荒地、林草地及采矿设备与人员;泥石流类型为水石流,分布于沁阳市北部的河流沟谷及水库下游,均为低易发,危害中等—特大,主要威胁对象为沟谷内人员、村镇建设、厂矿、耕地及交通设施。

5 结论

(1)地下水环境评价。2022年水位普遍出现回落,最大变幅水位位于沁阳市西向镇虎村西逍遥村东(AS-108),下降7.89m。孔隙水水质Ⅱ类、Ⅲ类水较往年增加。岩溶水水质Ⅳ类水较往年增加。

(2)土壤环境(污染)评价。虎村黏土矿镉、汞、砷、铜、铅、镍、铬、锌等含量均未超过《土壤环境质量农用地土壤污染风险管控标准(试行)》(GB 15618—2018)中的风险筛选值。土壤综合污染等级为安全级,污染水平为清洁,土壤重金属污染等级为安全级,土壤未受到重金属污染。

(3)地质灾害评价。由于加大了矿山管理及恢复治理力度,同时强化了矿山地质环境保护与恢复方案的实施,地质灾害发生的频率将降低,危害将减小,泥石流灾害仍将长期存在,并对流域内的居民的生命财产及各种建筑设施的安全构成威胁。

主要参考文献

陈军,2021.遥感技术在矿山地质环境监测中的应用[J].中国金属通报(11):185-186.

基于GIS空间分析的陕州区地质灾害易发性评价

刘志海

(河南省地质矿产勘查开发局第四地质勘查院,河南 郑州 450001)

摘　要:地质灾害是指在自然或者人为因素的作用下形成的,对人类生命财产造成损失、对环境造成破坏的地质作用或地质现象。本次研究对125个地质灾害点进行野外调查后,综合分析陕州区的地理位置、地形地貌、地层岩性、人类活动及地质灾害现状,科学选取12个指标构建了陕州区地质灾害易发性评价指标体系,以25m的栅格为评价单元,运用层次分析法(AHP)-信息量模型,结合GIS空间分析功能对陕州区进行地质灾害易发性评价。结果显示,陕州区地质灾害高易发区面积为306.29km^2,占调查区总面积的26.47%,呈"双面集中,多点分散"的分布格局;中易发区面积为878.81km^2,占调查区总面积的54.53%,呈"一面多点"的分布格局;低易发区面积为426.59km^2,占调查区总面积的26.47%,呈"大集中,小分散"的分布格局。

关键词:地质灾害;易发性评价;陕州区;信息量模型;层次分析法

0　引言

地质灾害是指在自然或者人为因素的作用下形成的,对人类生命财产造成损失、对环境造成破坏的地质作用或地质现象。地质灾害在时间和空间上的分布变化规律,既受制于自然环境,又与人类活动有关,往往是人类与自然界相互作用的结果。滑坡、崩塌和泥石流等地质灾害广泛分布在全世界各地,是人类社会和经济发展的重要阻碍,更是一种难以消除的潜在威胁。中国山地面积广,地质条件复杂多样,断层、构造活动频繁,多年来受气候变化和人类活动的影响,地质灾害频繁发生(范强等,2015;杨德宏和范文,2015;夏辉等,2018)。从某种程度上讲,完全杜绝地质灾害发生是不可能的,研究有效的预防和减轻地质灾害带来的危害,就要对地质灾害本身有着比较全面的认识。地质灾害易发性评价具有重要的现实意义,是减轻灾害损失的非工程性重要措施,为国土空间规划、用地适宜性评估、制定应急措施及防灾减灾提供必要的依据。

地质灾害易发性评价的方法主要分为定性评价和定量评价两种。定性评价需要根据经验和专家意见对评价指标的重要性打分评价,包括层次分析法(吴益平等,2008;Demir et al.,2013)、综合指数法(牛鹏飞,2021)。定量评价常基于统计学原理,采用数学模型计算指标因子权重开展评价,主要有信息量法(范林峰等,2012,刘福臻等,2023)、逻辑回归分析法(Xu et al.,2013)、多元回归分析法(韦洁,2011)、神经网络法(Jiang et al.,2017)、支持向量机法(严武文,2010)、随机森林法(徐胜华等,2020)等。

作者简介:刘志海(1991—),男,山东滕州人,硕士,助理工程师,主要研究方向为地质灾害防治与GIS空间应用。
E-mail:779680182@qq.com。

陕州区地处豫西黄土丘陵区,豫秦晋三省交界处,东连渑池,西接灵宝;南依甘山,与洛宁县毗邻;北临黄河,与山西省平陆县隔河相望;东、西、南三面环抱三门峡市湖滨区。地理坐标为东经111°01′—111°44′,北纬34°24′—34°51′。东西长65.25km,南北宽48.80km,工作区面积1 609.72 km²。郑西客运专线、陇海铁路横贯东西,310国道、209国道、连霍高速公路穿境而过,黄河三门峡公路大桥连接南北,与省道314(郑三线)、省道318(洛陕线)、省道249(三洛线)共同构成骨干交通网络,交通便利。特殊的自然地理环境和地质构造背景,导致该地区存在独特环境地质问题。第四纪黄土大面积覆盖,使得内动力地质作用的诸多痕迹被掩盖,外动力地质作用诱发的各种不良地质现象表现得更加明显,环境地质问题或不良地质现象主要有水土流失、滑坡、崩塌、泥石流、地面塌陷、水污染等,其中滑坡、崩塌是这一地区最为严重的地质灾害类型。人类工程活动,如道路建设、城乡建设、矿产资源开发等,在不断影响改变地质环境的同时,还引发一些地质灾害。近年来,随着人类工程及经济活动的加剧,人为地质灾害发生率和成灾率显著上升。地质灾害已成为影响当地人民生命财产安全和制约当地经济持续发展的重要因素,因此对陕州区进行系统性地质灾害易发性评价很有必要。

1 研究方法与指标体系构建

1.1 层次分析法(AHP)—信息量模型

在陕州区地质灾害易发性评价中,对以往各种相关评价方法进行对比研究,发现信息量法是目前使用较为成熟的方法。在信息量模型中,各评价指标的信息量表示该事件发生可能性的大小,并没有考虑到各评价指标在评价体系里的影响程度,权重大小,客观性不足。在实际评价过程中,各个区域现实条件各异,评价目的及侧重不一,需要结合区域现状,体现各评价指标对区域影响的重要程度。本次评价采取层次分析法(AHP)—信息量模型相结合的方法对陕州区的整体地质灾害进行易发性评价。层次分析法确定各指标的权重,结合信息量模型计算的各指标信息量进行综合叠加得到陕州区地质灾害易发性。

层次分析法(AHP)—信息量模型反映了一定地质环境下最易致灾因素及其细分区间的组合;具体是通过特定评价单元内某种因素作用下地质灾害发生频率与区域地质灾害发生频率相比较实现的。对应某种因素特定状态下的地质灾害信息量公式为

$$I = \sum_{i=1}^{n} w_i \ln \frac{N_i/N}{S_i/S}$$

式中:I为对应特定单元地质灾害发生的总信息量,指示地质灾害发生的可能性,可作为地质灾害易发性指数;w_i为对应特定要素、第i状态(或区间)的权重,用层次分析法(AHP)计算得出;N_i为对应特定因素、第i状态(或区间)条件下的地质灾害面积或地质灾害点数;S_i为对应特定因素、第i状态(或区间)的分布面积;N为调查区地质灾害总面积或者总地质灾害点数;S为调查区总面积。

1.2 评价单元的选取

地质灾害发育的严重程度受到诸多因素的作用,在局部区域又表现出明显的差异性和复杂性,因此在对调查区进行易发性评价时首先考虑确定的就是评价单元。目前,国内外研究学者对评价单元的区划的方法概括起来大致有栅格单元、斜坡单元、行政单元3种。

栅格单元:栅格单元通常为正方形,栅格中像元的大小表示评价单元的精度,像元的行值和列值反映评价单元的空间位置。栅格评价单元不仅数据结构简明易懂、算法简单、数据容易修改更正、结果可视化较好,而且利用GIS软件可方便管理和组织数据,对数据的采样和空间分析也十分方便。栅格单元是基于GIS进行地质灾害易性评价最常用的方法。

斜坡单元:该方法是利用自然斜坡、地形地貌、地质单元和流域情况完成区域划分,并作为叠加的评

价单元。该方法为最接近真实情况是理论上最佳的评价单元选取模式,可避免像栅格单元那样破坏斜坡的整体性,是地质学家经常使用的方法。但斜坡单元的划分方式易受到人为主观意识的影响,至今没有较为统一的标准方法。

行政单元:该方法把单个行政乡镇、村作为易发性评价的评价单元。地质灾害监测治理是以地方政府为单位进行的,行政单元划分方法能更好的管理、检测地质灾害,能为地方政府防灾减灾政策的治理提供更好的依据。但该方法未能考虑区域的地质环境条件,不能保证评价单元内部各影响因子的均一性和评价单元之间各影响因子的差异性。

综合上述评价单元的特点,结合陕州区的实际状况,本次陕州区地质灾害易发性评价时选取了分辨率为 25m×25m 的栅格单元作为评价单元。

1.3 评价指标体系构建

影响地质灾害危险性的因素众多,地质灾害因为其自然属性和人为属性有着特有的孕灾地质条件以及诱发因素,各影响因素之间可能具有相关性,并且地区不同影响地质灾害的因素类别也有所差异,对影响地质灾害因素的合理选择是得到科学合理的评价结果的前提,在参考各专家学者对地质灾害进行易发性评价时所选用的评价指标体系并结合陕州区的地质背景以及收集到的历年灾害点数据的基础上,根据"科学性、系统性、代表性和可操作性"等评价指标选取原则,选取以地质环境因素和人类活动因素为评价指标构建全面系统的研究区地质灾害危险性评价指标体系。为了更全面地反映陕州区地质灾害易发性,一般调查区选取 125 个地质灾害(隐患)点(滑坡 64 个、崩塌 48 个和地面塌陷 13 个)和 120 个孕灾地质条件点,重点调查区选取 91 个地质灾害(隐患)点(滑坡 48 个、崩塌 30 个和地面塌陷 13 个)和 85 个孕灾地质条件点作为陕州区地质灾害易发性评价的基础样本数据。本次研究选取 NDVI(植被覆盖率)、距道路距离、地貌、地形起伏度、距断层距离、高程、距河流距离、坡度、坡向、曲率、岩性、沟谷密度等 12 个指标构建陕州区地质灾害易发性评价指标体系。

选取的这些易发性评价指标,并不是绝对的相互独立,而是彼此间存在一定的相关性,各指标间的权重可能会相互叠加,进而导致评价结果的误差。为了保证评价指标的相互独立性和满足模型参数的准确性,需要对所选评价指标进行相关性分析,通过计算相关性系数 R 来表征各指标之间的相关程度,R 的取值范围为 [−1,1],|R| 越趋近 1,表示两两指标性相关性越高(表1)。

表1 |R|表征相关度表

取值范围	相关程度
|R| <0.4	弱相关
|R| 0.4~0.7	中等相关
|R| >0.7	强相关

通过 GIS 软件统计出各评价指标的属性数据,用 SPSS 软件分析得到各评价指标的相关性矩阵(表2)。

表2 指标要素相关性矩阵表

	NDVI	距道路距离	地貌	地形起伏度	距断层距离	高程	距河流距离	坡度	坡向	曲率	岩性	沟谷密度
NDVI	1	−0.006	−0.010	0.111	0.011	0.39	−0.21	0.133	−0.048	−0.110	−0.027	−0.159
距道路距离	−0.006	1	−0.072	−0.169	0.212	−0.293	−0.091	−0.109	−0.102	0.066	0.015	−0.185
地貌	−0.010	−0.072	1	−0.086	0.166	−0.022	0.010	−0.104	0.068	−0.027	−0.25	−0.026
地形起伏度	0.111	−0.169	−0.086	1	−0.161	−0.022	0.21	0.912	0.040	0.007	0.056	−0.054
距断层距离	0.011	0.212	0.166	−0.161	1	−0.141	−0.024	−0.122	0.068	−0.047	0.043	0.088
高程	0.39	−0.293	−0.022	−0.022	−0.141	1	−0.202	0.001	−0.048	−0.007	−0.19	−0.022
距河流距离	−0.21	−0.091	0.010	0.21	−0.024	−0.202	1	0.189	−0.019	0.008	0.346	−0.144

续表2

	NDVI	距道路距离	地貌	地形起伏度	距断层距离	高程	距河流距离	坡度	坡向	曲率	岩性	沟谷密度
坡度	0.133	−0.109	−0.104	0.912	−0.122	0.001	0.189	1	0.081	0.048	0.036	−0.102
坡向	−0.048	−0.102	0.068	0.040	0.068	−0.048	−0.019	0.081	1	0.017	0.043	0.019
曲率	−0.110	0.066	−0.027	0.007	−0.047	−0.007	0.008	0.048	0.017	1	−0.076	−0.066
岩性	−0.027	0.015	−0.25	0.056	0.043	−0.19	0.346	0.036	0.043	−0.076	1	−0.057
沟谷密度	−0.159	−0.185	−0.026	−0.054	0.088	−0.022	−0.144	−0.102	0.019	−0.066	−0.057	1

根据相关性矩阵表显示,所有评价因子的|R|值均小于0.4,因此所选12个评价指标因子均符合地质灾害易发性评价要求。

2 地质灾害易发性评价

2.1 权重和信息量计算

地质灾害易发性评价首先根据层次分析法计算各个评价指标的权重表(表3),其次根据区域孕灾地质条件的分级和灾害点的数量分布,计算不同评级指标的信息量(表4),最后通过GIS软件进行评价指标栅格化,栅格叠加计算得出地质灾害易发性的初步结果。

表3 一般调查区地质灾害易发性指标权重表

高程	坡度	坡向	曲率	地形起伏度	沟谷密度	地貌	岩性	植被覆盖率	距交通干线距离	距河流距离	距断层距离
0.024	0.141	0.024	0.062	0.141	0.101	0.141	0.141	0.070	0.042	0.042	0.070

表4 陕州区地质灾害易发性评价指标信息量表

类型	分级	数量	信息量
坡度(°)	0~15	190	0.284 678 887
	15~25	49	−0.341 019 86
	25~35	5	−1.743 919 906
	35~45	1	−1.452 323 674
	>45	0	0
坡向(°)	337.5~22.5	21	−0.567 847 128
	22.5~67.5	26	−0.318 816 658
	67.5~112.5	31	0.008 208 919
	112.5~157.5	37	0.430 618 162
	157.5~202.5	42	0.334 901 115
	202.5~247.5	47	0.438 389 764
	247.5~292.5	24	−0.174 310 258
	292.5~337.5	17	−0.514 825 34

续表 4

类型	分级	数量	信息量
高程(m)	0~500	20	−0.329 830 822
	500~700	152	0.510 755 737
	700~900	66	0.027 071 906
	900~1200	7	−1.916 204 958
	>1200	0	0
植被覆盖率	<0.2	15	−0.401 239 848
	0.2~0.4	57	0.652 840 575
	0.4~0.6	96	0.481 192 044
	0.6~0.8	64	−0.075 561 815
	0.8~1	13	−1.602 752 148
地貌	中山	12	−1.388 682 453
	剥蚀丘陵	69	0.483 911 022
	黄河冲洪积平原	1	−2.192 333 395
	黄土台塬	51	−0.053 401 578
	低山	112	0.201 043 131
岩性	中厚层坚硬块状喷出岩岩组	91	0.057 908 824
	破碎状较软花岗岩强风化岩组	0	0
	较软中厚层(泥岩、砂岩)碎屑岩岩组	65	0.661 465 527
	片状较软片麻岩岩组	11	−1.055 960 676
	粉土、粉质黏土双层土体	59	−0.316 721 495
	粉质土、黏粉土、粉细砂多层土体	1	−1.705 863 824
	坚硬厚层状中等岩溶化白云岩岩组	18	0.938 153 73
距断层距离(m)	0~100	12	0.359 886 268
	100~300	11	−0.352 346 181
	300~1000	68	0.363 064 85
	1000~2000	67	0.342 603 477
	>2000	87	−0.371 318 544
距河流距离(m)	0~50	5	0.109 763 877
	50~100	8	0.771 163 188
	100~300	28	0.651 223 553
	300~500	21	0.359 554 048
	>500	183	−0.125 947 924
距交通干线距离(m)	0~50	14	1.051 755 413
	50~100	7	0.563 995 295
	100~300	24	0.468 767 705
	300~500	16	0.127 156 085
	>500	184	−0.117 874 113

续表 4

类型	分级	数量	信息量
曲率	<-0.1	131	0.183 707 507
	-0.1~0.1	27	-0.020 285 803
	>0.1	87	-0.220 207 92
地形起伏度(m)	<47	14	-1.149 260 712
	47~91	155	0.795 586 176
	91~135	68	-0.033 212 331
	135~190	8	-1.784 712 668
	>190	0	0
沟谷密度(km/km^2)	<1.63	26	-0.024 059 543
	1.46~2.25	95	0.038 697 06
	2.25~2.87	80	-0.139 540 002
	2.87~4.11	37	0.170 639 796
	>4.11	7	0.611 527 931

2.2 评价结果

基于 ArcGIS 软件平台将各评价指标的信息量值赋予栅格图层,然后根据层次分析法计算的权重进行综合叠加,得到地质灾害易发性指数,根据结果显示地质灾害易发性指数近似呈正态分布(图1)。

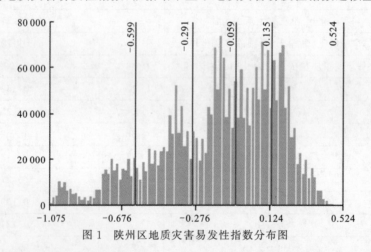

图 1 陕州区地质灾害易发性指数分布图

横坐标代表地质灾害易发性指数,纵坐标代表栅格数量,计算结果显示,总信息量最高值为 0.524,最低值为 -1.075。结合陕州区地质灾害现状,经过多次试验,以自然断点法来进行地质灾害易发性分区有些不符合区域现状。为了合理分析,将信息量值归一标准化处理成[0,1],采用几何间隔法分级,根据实际情况将陕州区地质灾害易发性分为"低易发"(0~0.6)、中易发(0.6~0.81)、高易发(0.81~1)3 个等级(图 2)。

地质灾害易发性计算结果显示,陕州区地质灾害高易发区面积为 306.29 km^2,占调查区总面积的 19.00%,呈"双面集中,多点分散"的分布格局,集中于调查区东北的硖石乡—王家后乡—观音堂镇北部的交界区和东南方向的观音堂镇南部—宫前乡—西李村乡的交界区,多点散落分布于西部的原店镇、中部的菜园乡—张茅乡以及中南部的店子乡。地貌主要为剥蚀丘陵,以及小部分的低山和黄土台塬,发育

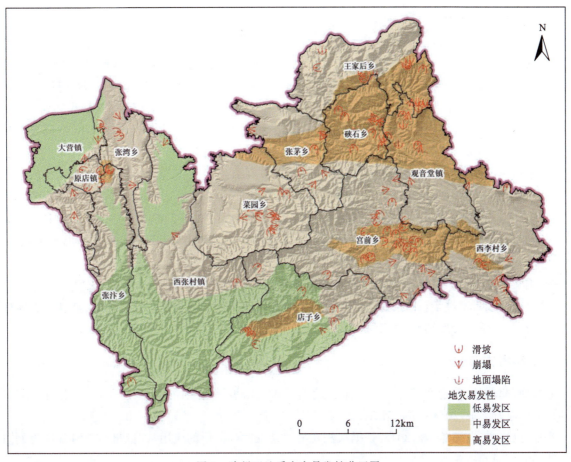

图 2 陕州区地质灾害易发性分区图

有灾害点 60 个(滑坡 39 个,崩塌 10 个,地面塌陷 11 个),占总数的 48.00%,灾害点密度为 0.20 个/km^2,本区地灾点分布密度最高(表 5)。

表 5 陕州区地质灾害易发性分区表

分区	面积(km^2)	面积占比(%)	滑坡(个)	崩塌(个)	地面塌陷(个)	灾害点总数(个)	灾害点占比(%)	灾害点密度(个/km^2)
低易发区	426.59	26.47	3	3	0	6	4.80	0.01
中易发区	878.81	54.53	22	35	2	59	47.20	0.07
高易发区	306.29	19.00	39	10	11	60	48.00	0.20

陕州区地质灾害中易发区面积为 878.81km^2,占调查区总面积的 54.53%,呈"一面多点"的分布格局,集中分布于东部的宫前乡—西李村乡—观音堂镇—王家后乡—硖石乡—张茅乡的连片区域,菜园乡、张湾乡、原店镇等乡镇的沟壑地也有小片区分布,地貌主要为低山和剥蚀丘陵,少部分的黄土台塬、中山,发育有灾害点 59 个(滑坡 22 个,崩塌 35 个,地面塌陷 2 个),占总数的 47.20%,灾害点密度为 0.07 个/km^2,本区地灾点数量最多。

陕州区地质灾害低易发面积为 426.59km^2,占调查区总面积的 26.47%,呈"大集中,小分散"的分布格局,集中分布于西部的大营镇—张湾乡,张汴乡—西张村镇的连片区域,以及菜园乡、店子乡、张茅乡的部分区域,地貌主要为中山、黄河冲洪积平原和黄土台塬,发育有灾害点 6 个(滑坡 3 个,崩塌 3 个),占总数的 4.80%,灾害点密度为 0.01 个/km^2,本区地灾点数量最少,密度最低,地灾不发育。

3 结论与讨论

(1)对125个地质灾害点进行野外调查后,综合分析陕州区的地理位置、地形地貌、地层岩性、人类活动及地质灾害现状,科学选取了地貌、岩性、高程、坡度、坡向、曲率、地形起伏度、NDVI(植被覆盖率)、沟谷密度、距断层距离、距河流距离、距道路距离等12个指标构建陕州区地质灾害易发性评价指标体系,以25m×25m的栅格为评价单元,运用层次分析法(AHP)—信息量模型,结合GIS空间分析功能对陕州区进行地质灾害易发性评价。

(2)地质灾害易发性计算结果显示,陕州区地质灾害高易发区面积为306.29km^2,占调查区总面积的19.00%,呈"双面集中,多点分散"的分布格局,有灾害点60个,占比为48.00%;中易发区面积为878.81km^2,占调查区总面积的54.53%,呈"一面多点"的分布格局,有灾害点59个,占比为47.20%;低易发区面积为426.59km^2,占调查区总面积的26.47%,呈"大集中,小分散"的分布格局,有灾害点6个,占比为4.80%。

(3)本文结合陕州区的地质灾害分布及发育现状,探索了豫西黄土地区的地质灾害易发性评价方法,但是研究区域尺度过小,评价指标体系构建具有地区相对性,如何构建更加科学的、具有黄土地区共性的评价指标体系需要后续研究继续努力。

主要参考文献

范林峰,胡瑞林,曾逢春,等,2012.加权信息量模型在滑坡易发性评价中的应用:以湖北省恩施市为例[J].工程地质学报,20(4):508-513.

范强,巨能攀,向喜琼,等,2015.证据权法在滑坡易发性分区中的应用:以贵州桐梓河流域为例[J].灾害学,30(1):124-129.

刘福臻,戴天宇,王军朝,等,2023.耦合Random Forest算法与信息量模型的地质灾害易发性评价:以西藏自治区工布江达县为例[J].安全与环境学报,23(7):2428-2438.

刘坚,李树林,陈涛,2018.基于优化随机森林模型的滑坡易发性评价[J].武汉大学学报(信息科学版),43(7):1085-1091.

牛鹏飞,2021.基于综合指数模型的舟曲县滑坡易发性评价[D].石家庄:河北地质大学.

韦浩,2011.多元回归分析法在滑坡空间预测中的应用[D].陕西:长安大学.

吴益平,殷坤龙,陈丽霞,2008.滑坡空间预测数学模型的对比及其应用[J].地质科技情报,26(6):95-100.

夏辉,殷坤龙,梁鑫,等,2018.基于SVM-ANN模型的滑坡易发性评价:以三峡库区巫山县为例[J].中国地质灾害与防治学报,29(5):13-19.

徐胜华,刘纪平,王想红,等,2020.熵指数融入支持向量机的滑坡灾害易发性评价方法:以陕西省为例[J].武汉大学学报(信息科学版),45(8):1214-1222.

严武文,2010.基于粗集—神经网络的区域滑坡灾害易发性预测研究[D].北京:中国地质大学(北京).

杨德宏,范文,2015.基于ArcGIS的地质灾害易发性分区评价:以旬阳县为例[J].中国地质灾害与防治学报,26(4):82-86+93.

DEMIR G,AYTEKIN M,AKGUN A,et al.,2013. A comparison of landslide susceptibility mapping of the eastern part of the North Anatolian Fault Zone(Turkey)by likelihood-frequency ratio and analytic hierarchy process methods[J]. Natural Hazards,65(3):1481-1506.

JIANG W,RAO P,CAO R,et al.,2017. Comparative evaluation of geological disaster susceptibility using multi-regression methods and spatial accuracy validation[J]. Journal of Geographical Sciences, 27(4):439-462.

XU C,XU X,DAI F,et al.,2013. Application of an incomplete landslide inventory, logistic regression model and its validation for landslide susceptibility mapping related to the May 12,2008 Wenchuan earthquake of China[J]. Natural Hazards,68(2):883-900.

河南省灵宝市黄土崩塌特征及成灾机制分析

乔欣欣,刘登飞,夏 涛

(河南省自然资源监测和国土整治院,河南省地质灾害综合防治重点实验室,河南 郑州 450000)

摘 要:黄土崩塌是豫西地区常见的地质灾害,其中灵宝市黄土崩塌具有数量多、规模小、崩塌速度快等特征,本文以灵宝市黄土崩塌为研究对象,总结归纳了产生黄土崩塌的动力条件、岩层组合、结构构造特征等孕灾地质条件以及引起黄土崩塌的降水、冻融、削坡、根劈等诱发因素的具体影响作用,为更好研究黄土崩塌成灾机制和从源头上做好黄土崩塌的防治工作提供了参考。

关键词:黄土崩塌;成灾机理;诱发因素

1 概况

灵宝市地质灾害风险调查共发现崩塌80处,是区内主要的地质灾害类型,具有发生频度高,危害性较大等特点。崩塌灾害以中小型为主,约占崩塌灾害总数的96.25%(图1)。就坡体结构而言,黄土崩塌76处,约占总数的95%。空间分布上,黄土崩塌集中分布于黄土台塬边缘、低山区、交通线路两侧、居民房前屋后等人类工程活动较为强烈的地区。尤其是窑洞密集地区及交通沿线,黄土崩塌发育更为集中。区内黄土崩塌主要以倾倒式和滑移式为主,根据调查结果,90%以上的崩塌,是开挖边坡坡脚,破坏坡体原有力学平衡,土体产生卸荷节理、裂隙或使节理、裂隙面开启程度变大,在降水等不利条件的耦合作用下,使土体自稳能力降低而致。

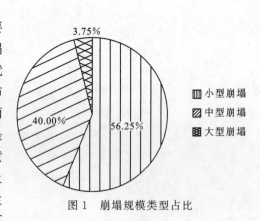

图1 崩塌规模类型占比

2 崩塌发育特征

调查过程中对黄土崩塌的地形地貌、地质岩性、分布高程、坡度坡向和变形破坏性等进行了详细的研究分析,总结崩塌灾害主要具有以下发育特征:

(1)崩塌数量多,规模小,以黄土崩塌为主,成因有自然因素和人为因素,主要诱因为大气降雨及人类工程活动。

灵宝市崩塌地质灾害,以中小型、黄土崩塌为主。主要分布在黄土台塬及低山区。一是在黄土台塬和低山区,最近几年削坡修路、建房现象较为普遍,坡体处于相对不稳定阶段,不稳定坡体易于崩落,为境

基金项目:河南省灵宝市1∶5万地质灾害风险调查评价。

作者简介:乔欣欣(1990—),硕士,主要从事水工环地质研究。Email:939563441@qq.com。

内黄土崩塌形成的主要人为因素。二是灵宝市黄土台塬和低山区分布有大量土质斜坡,黄土垂直节理发育,直立性好,陡壁分布广泛,具有产生崩塌变形活动的临空条件;黄土结构疏松,强度低,遇水软化,节理裂隙发育等特性决定了黄土是区内最主要的易崩地层。

(2)崩塌发生速度快,危害大。

崩塌规模虽然以中小型为主,但是由于瞬间发生,速度快,在重力作用下呈自由落体运动或滚动,陡坎高差越大,坡度越陡,其势能越大,转化成的动能也就越大。其危害大,常威胁公路上的行人车辆,危害坡脚的房屋、窑洞及人民生命安全等,雨季发生频度高,让人来不及躲避,直接造成灾害损失。

(3)崩塌发生的坡度陡,变形破坏模式多样。

据调查资料统计,产生崩塌的坡形一般为凸形或直线形,坡顶高程主要介于300～1000m之间,坡高多分布在10～50m之间,坡度多为65°～85°,50°～65°次之。崩塌变形模式存在倾倒式、拉裂式、滑移式和错断式4种变形模式。

3　成灾机理分析

从孕灾地质条件分析得知,工程地质岩组、坡度、起伏度、节理是黄土崩塌地质灾害的主控因素,坡向、植被、沟谷侵蚀是重要的影响因素,降水、人类工程活动等是主要的诱发因素。通过现场大量黄土崩塌调查,我们认为黄土崩塌灾害发生是由以下几方面地质作用控制的。

1. 高陡的临空条件为崩塌提供的动力条件

黄土崩塌一般发育在坡度≥50°的斜坡上,这是因为坡度越陡,临空条件越好,当土体发生破坏时,在自身重力作用下能够迅速将势能转化为动能,向下塌落,从而形成崩塌。而土体发育斜坡的起伏度则决定着其可转化势能的多少,从而决定破坏后崩塌距离及威胁范围。从野外调查结果来看,区内黄土发育斜坡大体可分为两类。

一类是塬梁边缘人工开挖窑洞、切坡建房修路,坡度一般＞70°,呈近直立状,坡高5～15m。此类边坡可转化的势能相对较小,崩塌距离短,就近威胁窑洞住户与道路安全(照片1)。

另一类是河流沟谷岸坡,此类斜坡平均坡度20°～45°,多呈凸型坡,呈上缓下陡状。上部呈阶梯状,坡度一般小于25°,土地利用以林草地为主,坡面线状侵蚀切沟发育,沿切沟纵向在沟源部位常有落水洞和塌岸现象发育;下部受河流侵蚀或人类工程活动的影响,呈陡立状。自然黄土斜坡呈陡立状,坡度40°～90°。一旦发生土体破坏,可能造成严重伤亡灾害事件(照片2)。

照片1　切坡修路　　　　　　　　照片2　沟谷岸坡

2. 特殊岩土组合结构控制着崩塌类型

依据调查结合资料分析,区内根据工程岩组类别和斜坡分布特征,区内土体斜坡结构主要为黄土单层型、黄土—古土壤层型、黄土—泥岩型、黄土—基岩型4种类型(表1)。

表 1　特殊岩土组合结构黄土崩塌分布与成灾特征

类型	分布	成灾机制
黄土单层型	主要分布在黄河及其支流河床、漫滩地带，各黄土塬及被黄土覆盖低山丘陵	黄土结构较松散，具湿陷性，垂直节理发育，工程地质性质较差，极易向临空方向发生倾倒式崩塌、黄土窑洞塌窑以及沟源岸坡塌岸等灾害
黄土—古土壤层型	主要分布在五亩、苏村、朱阳南部、寺河等乡镇	斜坡土体均由离石黄土（Q_3^{el}）构成，顶部为马兰黄土（Q_3^{eol}）覆盖，底部有午城黄土（Q_2^{eol}）零星出露，稳定性主要受离石黄土和午城黄土控制。离石黄土遇水易软化，强度降低，致使斜坡局部发生滑移式崩塌的风险增大。另外下更新统中发育有多层古土壤层，土层的黏粒土含量高，结构致密，透水性小于上覆中更新统离石黄土层，两者接触带易形成含水量较高的软弱结构面，容易导致软弱结构面以上的离石黄土地层形成滑移式黄土崩塌地质灾害
黄土—泥岩型	主要分布在弘农涧河西侧五亩乡至朱阳沿河岸一带及川口等地	主要由上覆黄土与下伏古近系泥岩、砂砾岩性的突变引起。当下伏地层为泥岩时，下伏基座为软弱基座，且透水性差易沿接触面发生滑移式崩塌；当下伏基座为砂卵砾石时，砂卵砾石层位半胶结状态，物理力学性质优于黄土地层，在河流侵蚀或人工开挖下形成直立状斜坡，在黄土垂直节理控制下发生倾倒变形破坏
黄土—基岩型	主要分布在被黄土覆盖、下部为基岩的剥蚀构造低山区	区内斜坡高陡，河谷深切，切割深度多大于100m，岩性以第四系中更新统黄土状粉土，粉质黏土覆盖，下伏为基岩。由于沟谷切割强烈，下伏基岩在斜坡下部或底部出露，黄土孔隙水常沿二者接触面溢出，地下水润滑接触带，且形成软弱结构面，极易诱发黄土斜坡变形破坏，导致崩塌地质灾害的发生

3. 优势结构面的发育制约着崩塌的稳定性

黄土类斜坡孕育的崩塌灾害的优势结构面是多样的。在临空条件好、垂直节理发育的黄土斜坡中，优势结构面为黄土垂直节理，易发生黄土块体的倾倒式崩塌；在临空条件好、卸荷裂隙密集发育时，优势结构面为卸荷裂隙，易发生风化黄土体坠落式崩塌；在有倾外构造节理发育时，则容易发生滑移式黄土块体崩塌；在裂隙与底部软弱结构面贯通时，则可能发生滑移式整体破坏（李雨株和李杰，2020）。

4. 卸荷风化破坏了斜坡结构的完整性

对黄土斜坡而言，卸荷风化作用主要表现在斜坡坡肩、坡面部位，表现为原始裂隙拉张、坡肩表层土体结构破坏、坡体下部剪切裂缝密集发育等特点。原始裂隙拉张主要是在陡立坡面，黄土垂直节理在卸荷作用下不断拉张，并向下延伸；坡肩表层土体结构破坏，坡肩土体在长期卸荷作用下，向临空方向蠕动变形，加之雨水反复浸湿影响，使得其内部土颗粒结构改变，形成蓬松土质，调查发现坡肩部位卸荷风化带深度一般不超过3m，多在构造剪节理面控制下发生滑移式崩塌，或在雨水冲刷下形成坡面泥流；斜坡中下部剪切裂隙，主要是在上覆土体蠕动变形作用下产生压制破碎变形。

5. 黄土的水敏性加剧了黄土崩塌的发生

黄土是具有水敏性的特殊土，主要指正常固结黄土在浸水后发生压密变形，从而导致其强度弱化的力学表现，是黄土物理结构对水的敏感集中表现形式。黄土孔隙在充水过程中引起土体内部结构的崩溃，从而引起黄土宏观上的压缩性增加、黏聚力降低等物理特性的变化。水作用下黄土常见的工程灾变种类包括湿陷、软化和溶滤，这在黄土斜坡地带往往表现为拉裂缝、落水洞、坡面文沟或切沟现象，是引发斜坡失稳破坏的重要内因（孙力刚，2022）。

黄土湿陷主要集中于斜坡顶部 Q_3 粉土层，该层黄土具大孔隙，植物根系发育，且黄土厚度不大，具自重湿陷性，多形成湿陷碟等微地貌。湿陷使坡顶地形发生改变，极易相对汇集降水，逐步演化为雨水下渗通道，与下层垂直节理发育的 Q_2 层黄土综合作用，逐步演化为崩塌。

黄土遇水软化主要表现在天然状态下，黄土含水率低，黄土结构完整，土颗粒骨架镶嵌胶结，内摩擦系数高，抗剪强度大；遇水浸湿后，孔隙有水充填，土颗粒骨架胶结作用逐渐被溶解而崩溃，从而引起内摩擦系数降低，抗剪强度急剧变小，在外界荷载或自身卸荷作用下，产生剪切破坏，从而发生崩塌或滑坡灾害。

黄土溶滤主要是在动水条件下，原始黄土节理裂隙和湿陷坑作为降水入渗的捷径，入渗水体在这些部位汇集。在动水径流作用下，沿原始黄土节理裂隙面和湿陷坑溶蚀软化土体结构，逐步拓宽裂隙，加速向下溶蚀，从而逐步形成落水洞或坡面文沟、冲沟。落水洞的形成使得地表降水能够快速下渗，并在古土壤层、午城黄土层等弱透水层汇集，沿强弱透水层接触带水平向渗透径流，形成湿润的黄土软弱带，进而控制斜坡整体稳定性。而坡面冲沟的发育，加速了地表侵蚀，使得斜坡体三面临空，卸荷风化作用增强，裂隙加速贯通，在优势节理控制下易发生小规模黄土崩塌灾害。

4 崩塌诱发因素分析

4.1 降水

大气降水影响黄土边坡稳定的方式主要为溶蚀作用及下渗作用。大气降水形成的地表径流对黄土坡面溶蚀侵蚀后形成的黄土陷穴、落水洞、黄土柱、黄土纹沟、黄土细沟、黄土切沟等黄土地貌，为边坡失稳及发生黄土崩塌等地质灾害创造了母体条件及临空条件。大气降水下渗会增大斜坡土体的容重及含水率，降低土体抗剪强度及结构面的力学性质；大气降水沿孔隙、节理、裂隙、陷穴、落水洞等通道下渗工程中，会增大非饱和黄土土体的含水量及容重，待土体含水量增至一定范围时，其强度会急剧降低，斜坡坡体稳定性会相应降低，有可能发生局部或整体失稳。

大气降水的下渗作用有时会在坡体某些部位形成毛细水富集带，毛细水富集带也会影响坡体的稳定。主要表现为：①若坡体局部存在毛细水富集带，在冻融交替季节，冻胀及消融作用会破坏土体的结构，使得局部土体脱离母体，形成剥落式崩塌，该类型多发生在坡底的建筑物密集致使空气对流不畅且阳光不足地带；②若毛细水富集于坡体的结构面内，会降低结构面抗剪强度，引发坡体失稳而形成灾害。

调查资料显示，灵宝市地质灾害主要发生在 6—10 月的汛期，与降水量以及降水特征关系密切。区内近年发生滑坡和崩塌频次与多年月平均降水量呈明显的正相关关系，同时还表现为：在日降水强度大的时间内相对集中，在强降水时期内灾害发生和降水具有同步性，连阴雨季节灾害发生有不同程度的滞后性。

4.2 冻融

黄土坡面一定深度内的土体每年要经历一次季节冻融循环过程，在冻结时，浅层温度低于内部温度，土体深部水分会向浅部迁移并在浅部与土粒一同冻结，冻结产生的冻胀力会破坏土体颗粒之间的黏聚力。春季气温回升时，冻土层内冰晶融化，冻结力消失，土粒间黏聚力被降低，使得土体抗剪强度下降，土体结构会进一步向疏松状态发展。多年的反复冻结与消融，土体结构损伤会累积加重，达到一定次数后，临空的冻融土体会失稳发生崩塌地质灾害。

4.3 削坡

削坡作业主要集中在房屋（窑洞）建设、公路及铁路等建设中。窑洞是研究区人居建筑的主体，多分布于城乡接合部和边远的山区，削坡建窑（房）改变了斜坡的应力平衡，降低了坡体的稳定性，引发较多的滑移式崩塌和错断式崩塌。公路削坡产生了较多的不稳定斜坡,特别是在一些沿线靠近村庄的地段,增大了黄土崩塌的威胁范围。

4.4 其他外动力作用

发生在坡顶边缘及陡峻坡面的灌木或乔木发育处,植物根系的根劈作用破坏力表现在两个方面:一是根系下伸和加粗破坏了临空土体与母坡间的黏聚力并产生向临空方向的推力;二是季风吹动树冠摇摆致使根系对土体产生向临空方向的推力。根劈型黄土崩塌的发生,是土体间抗剪力与其自身重力的平衡被打破的过程。

5 小结

本文在结合河南省灵宝市黄土崩塌野外调查的基础上,对灵宝市黄土崩塌的发育特征、成灾机理和诱发因素做了较详细的分析研究,系统地总结了黄土崩塌发生的孕灾地质条件,诱发因素等成灾条件。为增强对黄土崩塌地质灾害的认识和预防提供了参考,从而尽可能减少黄土崩塌地质灾害造成的危害和经济损失。

主要参考文献

河南省地质环境监测院,2013.河南省地质灾害及防治研究[M].郑州.黄河水利出版社.
李雨株,李杰,2020.山西吉县黄土崩塌地质灾害的模式[J].岩土工程技术,34(4):196-200.
孙力刚,2022.忻府区黄土崩塌形成机理及防治对策研究[J].华北自然资源(1):74-76.

滑坡应急治理工程中的几点思考

高小旭[1,2]，张庆晓[1]

(1.河南省自然资源监测和国土整治院,河南 郑州 450016；2.河南省地质灾害综合防治重点实验室,河南 郑州 450016)

摘 要：滑坡灾害是我国地质灾害的主要类型之一,危害重大基础设施和人民生命财产安全,因此滑坡应急治理意义重大。通过查询相关文献并结合我院承担的多处滑坡应急治理工程设计经验,认为滑坡应急治理工作应首先提高思想站位、加强责任意识、突出技术力量,通过选择合适的治理方案和合理的施工顺序,加强各个环节的配合才能更好地做好滑坡应急治理工作。

关键词：滑坡；应急治理；稳定性分析；效果检测

0 前言

滑坡是指斜坡上的土体或者岩体,受河流冲刷、地下水活动、雨水浸泡、地震及人工削坡等因素影响,在重力作用下,沿着一定的软弱面或者软弱带,整体地或者分散地顺坡向下滑动的自然现象(马柯和高慧,2019)。滑坡在我国分布范围广、发生频率高,严重威胁人民的生命财产安全。自然资源部地质勘查管理司司长于海峰表示,到2020年底我国地质灾害隐患点约33万处,威胁人口约2000万人,威胁财产约4500亿元。其中,70%地质灾害隐患为滑坡。所以,识别滑坡、监测滑坡和应急治理滑坡尤为重要。

滑坡地质灾害应急抢险技术主要是对边(滑)坡体进行快速有效处置,防止边坡失稳或滑坡体的进一步变形,为人员疏散及应急部署争取时间的临时性处置技术(李振江等,2016)。对威胁重大基础设施的滑坡体,采取必要的应急处置措施,可大大降低滑坡体的危害,避免重大经济损失(皮张辉等,2023)。廖存刚等(2022)以深厚人工堆填土滑坡地质灾害为例,采用三阶段设计思路对滑坡应急处置治理研究；安余旭(2017)提出在对工程进行管理的过程中,管理人员责任心不足、管理能力不高等问题,影响了滑坡应急治理工程的效用发挥；罗雁(2018)提出合理的截排水措施对于滑坡治理可以起到事半功倍的作用；裴振伟等(2021)对滑坡地质灾害应急处置技术的研究现状进行了系统总结；易庆林等(2018)针对后缘较陡的大型滑坡的应急治理问题进行了研究；梁永平等(2022)研究了无人机低空遥感技术在地质灾害危险性、时间性等方面的独特的优势。本文结合前人研究成果及项目实施经验,通过对滑坡应急治理内容分析,提出了关于滑坡应急治理工程的几点思考。

1 滑坡治理

滑坡治理主要包括前期工作、滑坡稳定性分析、滑坡治理、治理效果检测4个方面内容。

作者简介：高小旭(1991—),男,硕士研究生,助理工程师,主要从事地质工程、测绘工程、环境工程及研究工作。

1.1 前期工作

前期工作主要是对滑坡的地质环境背景和基本特征进行勘察分析。通过前期的勘察分析,查明滑坡周边的地形地貌岩性、地质构造、气象水文、水文地质和周边人类工程活动以及滑坡的规模、变形特征、滑带特征、滑床特征和滑坡影响因素,为滑坡治理提供基础。

1.2 滑坡稳定性分析

1. 传统方法

传统的滑坡稳定性分析方法主要基于力学原理,如库仑法和别尔斯原理。库仑法是根据摩擦力和相对密度之间的关系来评估滑坡稳定性的方法。别尔斯原理则是通过判断滑坡体上端是否具有抵抗力来评估稳定性。这些传统方法适用于一些简单的滑坡情况,但在复杂的地质环境中效果较差。

2. 数值模拟方法

数值模拟方法可以根据滑坡地质环境的具体情况,考虑多种因素,如地质构造、地形地貌、水文地质条件等。常用的数值模拟方法包括有限元法、有限差分法和边界元法等。这些方法能够提供较为准确的滑坡稳定性评估结果,对于复杂的工程项目尤为重要,但其需要较强的计算机运算能力和专业知识。

3. 统计学方法

随着大数据和机器学习的快速发展,统计学方法在滑坡稳定性分析中也得到了广泛应用。常见的统计学方法包括聚类分析、回归分析和人工神经网络等。这些方法可以通过分析大量的历史滑坡数据,找出滑坡发生的规律和潜在的危险因素,从而为滑坡的预防和防治提供科学依据。统计学方法的优势在于能够处理大量的数据,并较好地适应复杂的非线性关系。

1.3 滑坡治理

滑坡治理主要从以下 3 个方面入手:

(1)消除或减轻水对诱导滑坡的影响。大气降水是地下水的主要补给源。暴雨或者长期降雨以及融雪过后,往往可见边坡失稳增多的现象,这说明大气降水等对边坡的稳定性有很大的影响。降水一方面降低了岩体的强度,增大孔隙水的压力,导致滑动面的抗滑能力降低;另一方面增大边坡的下滑力,两者结合起来极大地降低了边坡的稳定性。"十个边坡九个水"形象地说明了边坡稳定性与地下水的活动关系。由于岩(土)体的力学性质受水的影响很大,地下水富集程度的提高不仅增大边体下滑力,而且降低软弱夹层和结构面的抗滑力。因此,治理边坡往往也是由于改善了水文(地质)条件而获得成功。

排除地下水,尤其是滑带水是治理滑坡的一项有效措施,方法包括截水盲沟、盲洞、渗管、渗井等。排除地表水,主要是通过修建地表截排水沟,减少地表水渗入滑坡体。

(2)改变滑坡外形、增加滑坡的抗滑力。石垛:适用于滑体不大、滑面位置位于坡脚不深的中小型滑坡,又有足够的场地和廉价的石料。挡墙:适用于河流冲刷或者人为切割支撑部分而产生的中小型滑坡,但不适宜治理滑床松软、滑面容易向下或者向上发展的滑坡。锚固:适宜治理滑床松软、滑面容易向下或者向上发展的滑坡。减载:适用于头重脚轻的滑坡。

(3)改变滑带土石性质,阻滞滑坡体的滑带。固化:通过物理或者化学的方法改善滑坡带土石性质。

滑坡的治理工程应综合考虑滑坡区的地质条件、稳定性、经济成本、时间和施工季节等多种因素,因地制宜,合理设计。例如,贵州省遵义市某滑坡地质灾害隐患点应急治理采取的工程措施为挖方、卸荷、削坡,同时布置截水沟拦截地表水,治理用"坡率法顺层放坡+挂网喷混凝土护面+截流排水工程"方案(茂强和肖欣,2021)。

1.4 治理效果检测

治理结束后需要通过对滑坡体再次进行稳定性分析,若滑坡体由不稳定转为稳定,说明治理成功,否则需要重新采取措施,继续治理。对滑坡持续监测,若一年内滑坡均未出现明显的加剧变形情况,表明滑坡体基本稳定。后期继续保持监测,如遇特大暴雨等极端情况应加强监测,避免出现意外情况。

2 案例分析

2.1 项目区域

铁庙村滑坡位于该村移民安置点东北侧,地理坐标为东经111°28′44.02″,北纬33°9′59.39″。滑坡区总体地貌处于低丘陵区,地形上处于山坡地带,斜坡坡向102°,平均坡度63°。坡体表面种植果树。

2.2 滑坡特征与稳定性分析

1. 滑坡特征

铁庙村滑坡所在斜坡坡向102°,与滑动方向一致,滑坡平面形态呈下宽上窄的圈椅形展布(图1)。滑坡形成的坡底堆积物岩性与斜坡岩性相同,均为褐黄色粉质黏土,堆积体东西长6m、南北宽20m,平均厚3m,体积约360m³。

图1 铁庙村滑坡分布图

已滑动部分后缘滑壁南北向延伸长度15m,高度0.5~3m,滑坡后缘接近斜坡坡顶,滑坡隐患区沿中轴线至两侧边界,南北边界均接近原始地表,滑坡体上种植果树,植被茂盛,滑坡后缘以上,均为果树林地。

铁庙村滑坡体岩性为褐黄色—黄褐色粉质黏土,平均厚2.2m,现场观察为饱水状态;剖面显示其滑带亦为粉质黏土,厚0.1~0.3m,软可塑状;滑床同样为中更新统粉质黏土,硬塑状。据钻孔揭示结合区域资料,治理区内松散土层基底为古近系砂岩、泥岩,岩芯均呈短柱—中等柱状,胶结程度较好,属于弱风化状。

(1)拉裂破坏是铁庙村滑坡的主要破坏特征。

(2)滑体厚度3m左右,由滑床中轴线分界,东侧较深,向西逐渐变浅,在两侧边界形成剪切破坏,因滑坡体高度饱水,其结构被破坏,滑坡呈近流体坍滑,其两侧裂缝不明显。

(3)滑坡后缘滑壁清晰明显,下错高度最大约1.2m,显示后缘遭受明显的拉张作用,具牵引式滑坡特征。

(4)滑坡所在斜坡植被丰富,多为草本或林地,普遍根系较浅,对滑体阻滞控制作用不强。

2. 稳定性分析

通过分析滑坡区地形地貌、坡体物质结构、岩层产状,结合滑坡区现今变形特征,可推断滑坡仍不稳定,在强降雨或长历时降雨期间仍有可能再次滑动,须及时采取工程治理措施,避免危及铁庙移民新村居民生命和房屋等财产安全。

2.3 工程设计

根据工程重要性、滑坡现状稳定性及其影响和控制因素,设计采用"截排水+坡面整理+坡面防护+绿化+挡土墙"综合措施,在斜坡顶部布置截水沟1条,疏排上部地表水;对坡面整理后,坡面植草,减少雨季地表水对台阶及坡体影响,防止水土流失;沿坡底布置挡土墙1条,用于稳定坡体。

2.4 治理效果

通过实施该滑坡应急治理工程,快速对滑坡体进行了削坡治理以及修筑挡土墙和截排水沟,根除该滑坡地质灾害隐患对4户20名移民群众安全威胁,保护12间房屋等财产不受损毁,安全效益突出。可有效保护斜坡上部耕地,减少耕地因水土流失造成减产,经济效益明显。

3 思考

3.1 提高思想站位、加强责任意识、突出技术力量

应急调查工作是防灾减灾工作中的一项重要环节,必须提高思想站位,加强责任意识。在短时间内凭借对地面或浅部变形特征的综合分析做出正确的判断与决策,其意义不可小视。

应急调查是在地质灾害突发后对其快速、有效的一种专业性诊断,对其性质及发展趋势必须有一个较为准确的判断与认识,才能提出较为科学、合理的应急处理措施。地质灾害治理需具较强专业经验者来完成,前期调查工作必须务实,应急不是先对付也不是先凑合。肤浅的应急调查只能从最后的防治处理措施上寻找安全保障,忽视了事物的客观性,容易增大应急治理难度及资金成本,带来后期灾害体"复活"隐患,增加了滑坡防治难度与资金投入,形成小病不治成大患的格局。

3.2 合理选择治理方案

一般滑坡的活动强度与降雨量的大小成正比,成因分析中多指出滑坡体的诱发因素主要为大气降水,而在实际工程治理中往往应用最多的却是主动或被动工程抗滑。虽然工程抗滑很重要,但其成本也较高。要合理选择治理方案,根据问题的关键所在进行有效的防治。例如,对一般中小型地质滑坡或无特殊建筑要求的滑坡体可以把滑坡体地表及地下水体的补径排防控和监测工作作为首选方案。

3.3 把握好应急施工顺序

对于体积较大、后缘倾角较陡的滑坡,可以考虑削坡减载、坡面排水的应急治理措施,对正处在变形的滑坡体能够有效的控制变形速率,提升稳定性,但是并未从根本上解决变形问题,滑坡仍处于蠕滑变形阶段(易庆林等,2018)。所以,应该是按照排危除险→止滑降速→提高稳定性→综合治理→效果检测

的顺序。首先排除危险,确保施工人员的安全。通过削方减载、堆载压脚、抗滑桩等措施止滑降速,通过预应力锚索、排水等措施提高稳定性。

3.4 注重各个环节配合

监测预警、应急治理和应急指挥应该是相互配合的。通过对滑坡的监测,掌握滑坡的特征和规律,能够及时预警,这是滑坡应急治理施工的前提和安全保证。通过应急治理,才能消除滑坡地质灾害隐患。而应急指挥是做好应急治理工程的重要环节,及时对施工过程进行调整,确保工程实施效果和保障人员安全。

4 结语

综上所述,通过对滑坡应急治理工程设计的思考,总结以下几点:

(1)做好滑坡应急治理工作需要提高思想站位、加强责任意识、突出技术力量。

(2)强化前期勘察工作程度,选择合理的治理方案,把握好应急治理施工顺序,做好各环节配合,圆满完成滑坡应急治理工作。

(3)加强技术综合应用。结合光学卫星遥感技术、InSAR、LiDAR、无人机摄影测量技术多种技术手段,建立空天地一体化滑坡识别、监测预警和应急治理体系,达到滑坡地质灾害隐患能够早发现、准治理、少损失的目的。

主要参考文献

安余旭,2017.滑坡应急治理工程安全管理与防范措施[J].世界有色金属(11):221-222.

李振江,孙少锐,宋京雷,等,2016.连续暴雨状态下下蜀土滑坡失稳机制分析及应急处置[J].河南科学,34(7):1140-1147.

梁永平,赖国泉,严丽萍,2022.无人机低空遥感技术在滑坡应急测绘及治理中的应用实践[J].测绘与空间地理信息,45(5):24-25+31.

廖存刚,唐江涛,韩波,等,2022.某深厚人工堆填土滑坡应急处置治理研究[J].云南水力发电,38(2):147-150.

罗雁,2018.地表截排水工程在滑坡治理中的应用:以奉节县万兴村滑坡应急治理工程为例[J].西部探矿工程,30(5):31-34.

马柯,高慧,2019.浅谈滑坡应急抢险工程设计[J].城市道桥与防洪(6):60-62+10.

茂强,肖欣,2021.贵州省遵义市某滑坡地质灾害隐患点现状特征及应急治理[J].工程技术研究,6(10):29-30.

裴振伟,年廷凯,吴昊,等,2021.滑坡地质灾害应急处置技术研究进展[J].防灾减灾工程学报,41(6):1382-1394.

皮张辉,莫思,谭海英,2023.基于综合监测的滑坡应急治理效果评价:以贵州省桐梓县天池宫滑坡为例[J].中国地质调查,10(2):87-93.

易庆林,文凯,覃世磊,等,2018.三峡库区树坪滑坡应急治理工程效果分析[J].水利水电技术,49(11):165-172.

方法技术

河南省滑坡地质灾害专业监测预警技术方法探索与研究

刘登飞,乔欣欣,夏 涛

(河南省自然资源监测和国土整治院,河南省地质灾害综合防治重点实验室,河南 郑州 450000)

摘 要:河南地处中原,地质环境条件复杂多样,人类活动频繁,地质灾害问题较为突出,以滑坡、崩塌为主。为充分保障受威胁群众的生命财产安全,在工程治理或易地搬迁资金不充足时,地质灾害专业监测预警可发挥很好的保障功能。河南省自然资源监测和国土整治院在省内选取典型地质灾害隐患点,布设多类型的监测设备,通过物联网通信将监测数据实时上传至监测平台,建立了全省地质灾害专业监测预警系统,实现了监测数据的实时分析,并根据分析结果进行预警,取得了良好的监测效果,积累了丰富的监测经验,为今后地质灾害监测预警项目开展提供了参考。

关键词:滑坡;地质灾害;专业监测预警;技术方法

0 前言

河南省位于我国中部,黄河中下游,自然地质条件复杂,生态环境脆弱,区域性特殊不良地质环境条件孕育了较为严重的地质灾害,再加上频繁的人类活动,使得河南地质灾害问题较为突出,主要以崩塌、滑坡为主,具体地质灾害隐患点数量见表1。

表1 河南省地质灾害隐患点统计表

地质灾害隐患点类型	滑坡	崩塌	泥石流	其他
数量(处)	891	1112	129	338
占比(%)	36.07	45.02	5.22	13.68

滑坡是指受自然地质作用或人类活动影响,斜坡上的土体或者岩体在重力作用下,沿着一定的软弱面,整体地或者分散地顺坡向下滑动的自然现象,往往给人们的生命和财产安全带来一定程度的损失。

为了消除或减弱滑坡对人们造成的威胁,通常采用的措施包括易地搬迁和工程治理,但这些方式均需要较多的资金支持。在资金不够充足时,为了及时掌握地质灾害点的动态,专业监测成为一种比较好的选择。实施地质灾害在线专业监测,建立"技防"系统,是对传统的"人防"的一种有效补充,更便于实现对地质灾害隐患点的有效管理。

基金项目:河南省灵宝市1∶5万地质灾害风险调查评价。
作者简介:刘登飞,男,1988年7月,学士,助理工程师,主要从事地质测绘、工程测量、地质灾害防治等相关工作。
E-mail:343577736@qq.com。

1 地质灾害专业监测系统概况

1.1 专业监测系统定义

地质灾害监测专业监测预警系统是指利用各类型的一体化监测站设备、现代通信传输系统、专业监测预警系统软件、数据库系统和配套基础设施采集专业数据,通过物联网、云计算等通信技术,对数据进行计算、分析,进而对地质灾害发生的可能性进行预测和预警,以便及时采取适当的措施,减少人员伤亡和财产损失的专业系统(赵安文,2019),其系统架构图见图1。

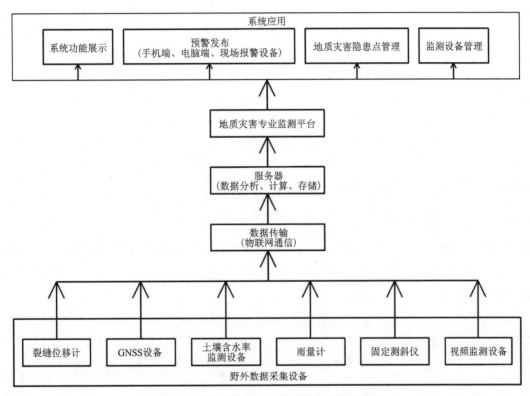

图1 地质灾害监测专业监测预警系统架构图

1.2 工作原理

专业监测系统主要是通过安装在地质灾害隐患点上的设备采集专业监测数据,包括裂缝位移、雨量、GNSS位移、土壤含水率等数据,通过物联网技术(4G或5G)将这些数据传输至服务器(图1),计算得出特定数据的变化值,通过分析变化值的大小和速率,得出设备安装处地貌变化情况,进而推测出整个坡体的动态情况。当某数据变化值超出事先设置的阈值时,系统就会向手机端、电脑端以及现场报警设备发出预警信息,提醒人们及时采取防范措施。

1.3 专业监测系统的优势

地质灾害专业监测手段主要突出以下优势:一是通过采集的数据曲线和现场实时传输的图像,人们能够更直观地判断出地质灾害点的动态发展情况;二是在出现暴雨等恶劣天气时,人工现场巡查无法或不便于开展,能够通过专业监测系统监视坡体动态,有效补充了"人防+技防"防范体系中的"技防"环节;三是在地质灾害搬迁避让、综合治理资金不到位时,通过开展专业监测,能以较少资金解决保障地质灾害现场安全的燃眉之急;四是通过采集的裂缝位移、深部位移、GNSS位移等数据,能够定量地反映滑坡变化情况(王明旭等,2021)。

2 实践案例分析

河南省自然资源监测和国土整治院在全省范围内选取了多处具有代表性的地质灾害隐患点,连续多年开展了卓有成效的地质灾害专业监测,取得了良好的监测预警效果。本文以三门峡市灵宝市某滑坡地质灾害点地质灾害专业监测为案例,对地质灾害专业监测进行阐述和分析。

2.1 滑坡概况

该滑坡位于灵宝市,交通较为方便。滑坡平面形态总体为"舌"形,平面面积$4.6\times10^5 m^2$,滑坡顶部标高794m,坡脚标高680m,相对高差114m。后缘可看到明显的陡壁,高约15m。滑体剖面近似为凹形,坡向220°,整体坡度约为35°,滑体宽510m,长260m,厚度约为10m,体积约$5.6\times10^6 m^3$。滑体地表缓倾,多小陡坎,坎高1~3m。滑坡体前缘有出水点,旱季干枯,附近土体土质松软,抗拉、抗剪强度降低,是坡体中的较软弱部位,也是变形集中部位。滑体中部地表低凹处可见季节性渗水带。该滑坡威胁居民60户90人,潜在经济损失约260万元,规模等级为大型,险情等级为小型。

降雨是诱发该滑坡变形的主要因素,特别是持续性强降雨过后,滑坡前缘和中部均会出现蠕动变形现象。此滑坡区域较大,威胁人员较多,在治理资金不充足的情况下,为了保障当地居民的生命财产安全,开展地质灾害专业监测预警十分必要。

2.2 专业监测设备的选取

根据勘查结果,结合滑坡整体变形情况,监测实施单位在此处安装了GNSS监测设备、固定测斜仪设备、裂缝位移计、土壤含水率监测设备、雨量计和视频监测设备,通过监测多个指标,对此滑坡开展全方位、多手段监测预警(杨文喜,2020)。

表2 灵宝市某滑坡专业监测方法汇总表

监测内容	监测指标	监测手段	预警指标
滑坡变形驱动力	雨量、土壤含水率	雨量计、土壤含水率监测设备	滑坡临界雨量、土壤含水率
外在变形	倾角、累计位移、裂缝位移	裂缝位移计、GNSS设备、固定测斜仪	裂缝位移、GNSS、倾角等数据
滑坡宏观形态	视频图像	现场摄像头	滑坡整体动态

2.3 设备的安装要求

雨量计要安装在灾害体附近,场地要空旷、平坦、无遮挡,避开强风区,以保证采集的雨量能够真实、有效地代表滑坡体上的降雨量;土壤含水率监测设备主要布设在坡体的主滑段,用于监测在降雨过后雨水深入土层后土壤的含水率;裂缝位移计主要布设于坡体上的可能会产生裂缝的位置,如滑坡后缘拉张处、滑床两侧剪切裂缝处、滑坡前缘鼓胀处等;GNSS设备、固定测斜仪主要均匀布设在主滑体上,分别用于监测地表和地下坡体的蠕动变形情况;视频监测设备一般安装在坡体对面的高处平台上,如滑坡体对面的山坡或房屋顶上,以保证能够看到坡体的整体现状(王夺等,2023)。

2.4 专业监测系统的组建

根据坡体实际情况,监测实施单位在该滑坡共安装了GNSS监测设备4套(含基站1套)、雨量计1套、裂缝位移计3套、固定测斜仪2套、土壤含水率监测设备1套、视频监测设备1套,通过每套设备上安装的物联网卡,将设备与服务器连接起来,并通过监测平台予以直观地展示数据,实现监测数据的分析和管理。管理人员可以在监测平台上针对不同的设备设置阈值,当监测数据的变化达到或超出阈值时,平台会通过电脑端、手机端等途径向人们发送预警信息。

2.5 监测预警效果

系统建立并运行后,监测平台能够有效地对系统采集的数据进行分析,以曲线的形式直观地反应坡体的动态发展情况,监测人员可由此推测滑坡目前所处的状态,并对其发展趋势进行预判。

1. 监测数据分析

以2022年1月—11月的数据为例,从GNSS数据来看,3套均匀布设在滑体上的GNSS数据曲线均出现了不同程度的向西南方向偏移的现象,其中布设于滑坡前缘的GNSS3号设备高程有轻微的抬升(图2),反映了滑坡前缘有少量的鼓胀。

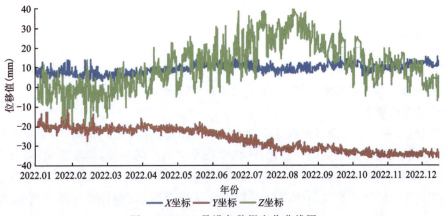

图2 GNSS3号设备数据变化曲线图

从裂缝位移计来看,布设在滑坡后缘、边界处的裂缝位移数据均有不同程度的增大,其中裂缝位移计2号设备变化幅度尤为明显(图3),间接反映了滑坡在此部位有变形蠕动,导致此处地表出现拉张现象。

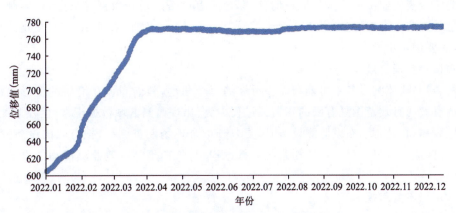

图3 裂缝位移计2号设备数据变化曲线图

从固定测斜仪来看,两套设备的埋设深度均约为5m、8m、15m,数据曲线整体均较为稳定,说明该滑坡深部土层较为稳定,基本未出现滑动现象。

从雨量计和土壤含水率设备数据来看,二者呈关联关系,即降雨过后土壤含水量各层数据会有明显增大,逐渐达到峰值,过后会逐渐降低至正常值。并且不难发现,裂缝位移计、GNSS设备数据变化较大均发生在土壤含水率数值较大时。

综合各类设备的数据来看,该滑坡在2022年1月—11月出现了少量的地表变形蠕动,幅度较小,深层土层仍较稳定。降雨是影响该滑坡稳定的主要因素。降雨过后,雨水逐渐渗入土层,土壤含水量逐步增大,导致土体自重增加,破坏了原有的受力平衡状态,出现了地表土体失稳现象,进而出现地表土层蠕动现象。

2. 野外验证

从现场巡查情况来看,此滑坡确实有明显变形迹象。据2022年6月现场调查发现,滑坡前缘新生上下错动状裂缝,错动高差约15cm,裂缝东西方向延伸约10m。在裂缝位移计2号设备附近,可见有明显地表蠕动迹象,变形蠕动区域整体呈阶梯状,形成错台,伴生多条平形状不规则裂缝,宽5~12cm,长4~12m。由此可见,现场滑坡变形情况与监测数据变化情况整体一致,二者相互印证。

3. 综合分析

2022年度,该滑坡裂缝位移计、GNSS设备、土壤含水率设备监测数据均未发出黄色以上预警信息。结合现场情况,可推测此滑坡2022年有一定的蠕动变形,但是总体而言尚处于缓慢变形阶段,未见加速变形特征和趋势。

2.6 需要进一步探索的问题

河南省自探索开展滑坡地质灾害专业监测预警以来,虽然取得了良好的效果,但运行过程中,仍然存在一些问题需要进一步探索和完善,主要包括以下几个方面。

1. 阈值设置要动态调整

同一种监测设备,在不同的安装地点要设置不同的阈值,这是滑坡的特征、现场条件和设备的安装状态所决定的。即便是同一地点的同一套设备,在滑坡发展的不同阶段,阈值也是不同的。因此,笔者认为,对于某一套设备而言,其阈值不是一成不变的,而是随着滑坡不断发展变化的,根据近期设备数据曲线变化的具体情况,需要动态调整的。只有阈值设置得合理,监测设备才能更好地发挥临灾预警功能。

2. 预警机制要不断完善

在监测过程中,阈值设置不合理、设备突发故障等因素都会引起监测系统预警信息的"误报",即使系统发出了预警信息,也不代表着滑坡现场真正出现了大规模滑动。因此,对于系统发出的预警信息,项目组首先要结合现场监测员汇报的最新情况,综合所有设备的最新数据,进行综合研判,再做出是否发出预警信息的决定。当然,这样可能就延误了预警的及时性。因此,如何更有效、更迅速、更准确地发出预警信息,需要进一步探索。

3. 设备布设要合理有效

受限于资金问题,监测设备不可能布设在滑坡的每个角落,只能布设在滑坡的变形关键部位,所以系统能够监测滑坡的有效范围是有限的。实践过程中,会出现监测区域数据正常,但在监测有效区域外出现了局部地表蠕动。因此,布设监测设备时,要充分结合现场勘查结果,把有限的设备安装在滑坡最关键的部位,确保监测效果。对于在监测系统运行过程中,长期不能有效监测滑动的设备,要及时调整其安装位置。

4. 人的作用仍不能忽视

虽然专业监测预警系统的建立,弥补了"人防+技防"中"技防"环节的薄弱,但机器会不定时发生故障,其可靠性远不及人。此外,设备的维护、系统的运行、数据的分析等关键环节,还是得由人来干预,这就导致监测系统的运行不仅未减轻人的工作量,反而是加重了。再加上滑坡的发生往往是多因素引起的,具有较多的不确定性,因此,"人防"仍需发挥重要,"技防"只能是对"人防"的补充。所以,如何在资金有限的情况下,优化监测预警系统,使预警系统智能化,从而减轻人的工作量,需要进一步探索。

3 结论

从河南省自然资源监测和国土整治院开展地质灾害专业监测的实践中可以看到,地质灾害在线专业监测,是对传统的"人防"的一种有效补充。通过监测数据,人们可以对滑坡进行定量分析,不仅能够及时发出临灾预警信息,保障受威胁群众的生命财产安全,而且能帮助人们更好地掌握滑坡的现状,并对滑坡的发展趋势进行预判,大大提高了滑坡地质灾害防范的科学性。与此同时,地质灾害专业监测仍有很多需要进一步探索优化之处,在今后的实践工作中,如果能够不断优化监测设备的布设,更合理地设置预警阈值,完善预警机制,提高监测系统的智能化程度,专业监测将会取得更好的效果。

主要参考文献

王夺,吴兴付,谢苗苗,2023.地质灾害专业监测预警方法技术探究:以金寨县白塔畈镇郭店村高楼组滑坡为例[J].西部探矿工程,35(3):5-8.

王明旭,曾一芳,吴明亮,2021.新时期地质灾害隐患点在线专业监测模式构建[J].化工矿物与加工,50(6):31-35+40.

杨文喜,2020.滑坡地质灾害专业监测预警三维地质分析预警模型构建探讨:以重庆市武隆区石桥乡场镇滑坡群为例[J].工程技术研究,5(12):253-254.

赵安文,2019.地质灾害专业监测预警方法研究:以太原市古交市镇城底镇佛罗汉村滑坡为例[J].山西煤炭,39(2):64-67.

市政污泥在矿区生态修复中的应用研究

余悦发,喻广军,吕前辉

(河南省第三地质大队有限公司,河南 郑州 451464)

摘　要：试验将市政污泥以5％、10％、20％、30％、40％、50％的施加比例,添加到采石场土壤中,研究不同市政污泥添加量的改良土壤pH、容重、有机质、速效N、速效P、速效K及重金属元素Cd、Pb、Zn含量的变化,以及高羊茅在改良土壤中的生长特性。结果表明：市政污泥的施加可以显著降低土壤容重,提高有机质和速效N、速效P、速效K含量；在添加市政污泥20％的土壤中,高羊茅的生长情况最为良好,施加市政污泥添加率为20％来改良矿区土壤是可行的。

关键字：市政污泥；矿区土壤；土壤改良；重金属；生态修复

0　引言

随着我国城镇化迅速发展、市政排水管道网络日益完善,市政污水处理方面取得了巨大成果,但是市政污泥产生量也随之不断增加,2021年我国污泥产生量约为5500万t,未来随着城镇污水处理总量和处理程度的不断提高,污泥产生量也将日益增加,脱水污泥的处置问题日益突出。

市政污泥成分复杂,含有病原微生物、重金属、有毒有害物质、有机污染物等,严重影响了污泥的资源化利用。此外,污泥中含有大量有机质及植物营养元素N、P、K(艾艳君等,2022；张莉等,2011)。

矿山废弃地生态修复最大的难点在于废弃地土壤基质有机质含量低,不具备植被生长基本条件,矿区废弃地的生态恢复关键在于生态系统功能的恢复和合理结构的构建。

利用市政污泥中有机质及N、P、K营养元素改善矿区土壤基质,不仅可以改善土壤结构,增强土壤肥力,加速土壤生态结构重建,还可以消纳大量的城市污水污泥。但是污泥中含有重金属、病原体等有毒有害物质,如未经处理直接在废弃地土地利用,可能会对土壤、地下水等造成二次污染。因此,污泥安全地用于矿山废弃地利用必须有科学指导。

本研究试验选择高羊茅为供试植物,重点研究了市政污泥理化特征及污染特性,以及市政污泥施加对土壤基质理化性质、植物生长特性的影响,为矿山废弃地土壤改良和生态修复提供了研究方法和理论依据(潘志强,2020；张鸿龄等,2008；赵吉等,2017)。

1　试验材料及方法

1.1　试验材料

1. 供试污泥

实验所用市政污泥取自南阳某污水处理厂,污泥处理工艺为浓缩—脱水,脱水设备为离心机,实验所

作者简介：余悦发(1989.8—),男,研究生,工程师,主要从事矿山地质环境治理应用研究工作。E-mail:1013110380@qq.com。

用污泥取自压滤机处理后摊晒污泥,在不同摊晒点均匀采取汇集成样品。市政污泥样品采用常温密封保存,以防样品性质改变。

2. 供试土壤

实验所用土壤采自南阳市镇平县某废弃采石场,该地区石灰岩矿产资源丰富,但无序开采造成了严重的生态环境问题,如土地压占、植被稀少等,因此对其进行修复已迫在眉睫。由表1可知,土壤样品中有机质及速效 N、速效 P、速效 K 含量均较低,说明矿区土壤较为贫瘠,不利于植被正常生长。

表 1 供试材料基本理化性质及标准

实验材料及标准	pH 值	容重 (g/cm³)	有机质 (g/kg)	速效 N (mg/kg)	速效 P (mg/kg)	速效 K (mg/kg)	Cd (mg/kg)	Pb (mg/kg)	Zn (mg/kg)
市政污泥样品	6.75	1.15	276.28	780.00	286.00	416.00	48.00	342.50	689.00
土壤样品	8.51	1.48	9.50	106.50	7.60	80.60	56.00	260.00	630.00
《土壤环境质量农用地土壤污染风险管控标准(试行)》(GB 15618—2018)限值	>7.5	—	—	—	—	—	0.6	170	300
《农用污泥污染物控制标准》(GB 4284—2018)	—	—	—	—	—	—	<3	<300	<1200

3. 供试植物

实验所选植物为高羊茅(Festuca arundinacea),它是常见的多年生冷季型绿化用草。一些研究学者发现高羊茅对重金属尤其是 Cd、Pb、Zn,具有超富集能力。因此,本实验选用高羊茅作为试验植物进行研究。

4. 样品基本理化性质

供试污泥、土壤样品的基本理化性质及标准见表1。

1.2 试验方案

采用盆栽试验,将风干的土壤和市政污泥过60目筛子后,分别按照污泥施加比例0(对照组)、5%、10%、20%、30%、40%、50%混合后装入花盆,花盆规格为直径12cm,高11cm。每盆装入1kg土壤和市政污泥混合物,浇洒蒸馏水使含水量为田间持水量的60%,保持10d后采集土样,测定各项指标。然后在每盆播种高羊茅种子100粒,高羊茅生长30d后收获,用去离子水洗出根系,与地上部分一起放入烘箱在105℃下杀青2h,随后继续在60℃下烘干24h,然后用植物粉碎机破碎,装入密封袋,以待化学分析。采集土样进行相关指标的测定分析。

1.3 分析方法

土壤测定指标包括理化性质(pH 值、容重、有机质、速效 N、速效 P、速效 K)、重金属(Cd、Pb、Zn)。样品 pH 值采用电位法测定,样品容重采用称重法测定,样品有机质含量采用重铬酸钾氧化—外加热法测定,样品速效 N 采用碱扩散—盐酸滴定法测定,样品速效 P 采用碳酸氢钠浸提—钼锑抗比色法测定,样品速效 K 采用乙酸铵浸提—火焰光度法测定,重金属(Cd、Pb、Zn)含量采用高氯酸—硝酸消煮,原子吸收分光光度法测定。

植物测定指标为发芽率和生物量。

2 结果与分析

2.1 施加市政污泥对土壤基本理化性质的影响

统计每组不同市政污泥施加量土壤的 pH 值、容重、有机质、速效 N、速效 P、速效 K,结果如图 1~图 6 所示。

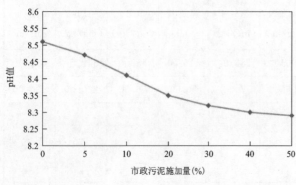

图 1 土壤 pH 随土壤中市政污泥施加量的变化关系　　图 2 土壤容重随土壤中市政污泥施加量的变化关系

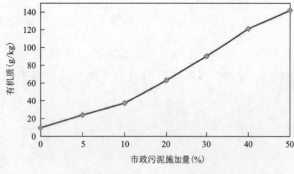 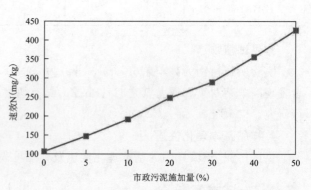

图 3 土壤有机质随土壤中市政污泥施加量的变化关系　　图 4 土壤中速效 N 随土壤中市政污泥施加量的变化关系

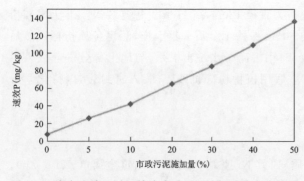 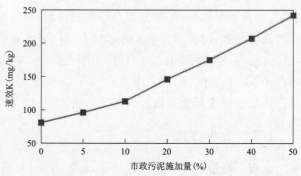

图 5 土壤中速效 P 随土壤中市政污泥施加量的变化关系　图 6 土壤中速效 K 随土壤中市政污泥施加量的变化关系

从试验结果可知,施加市政污泥可以显著降低土壤 pH 值、增加有机质和速效 N、速效 P、速效 K 含量。土壤 pH 值由 8.51 逐渐下降到 8.29,市政污泥呈酸性导致混合后土壤 pH 值下降,但下降幅度不大,市政污泥施加量增加到 30% 后,pH 值稳定在 8.3 附近;土壤容重随市政污泥施加量增加而逐渐减小,施加量大于 30% 后土壤容重下降幅度降低,施加量为 50% 时,土壤容重降低至 1.26g/cm³;土壤有机质含量随市政污泥施加量增加而逐渐增加,从 9.5g/kg 提高到 142g/kg;土壤中速效 N、速效 P、速效

K含量均随市政污泥施加量增加而逐渐增加,分别从106.50mg/kg、7.60mg/kg、80.60mg/kg增加到426mg/kg、136mg/kg、242mg/kg。以上均表明施加市政污泥后,土壤养分含量明显提高,土壤肥力得到增强。

2.2 施加市政污泥对土壤重金属含量的影响

由表1可知,土壤样品中Cd含量为56mg/kg,高于农用污泥污染物控制标准含量3mg/kg,Pb和Zn含量分别为260mg/kg和630mg/kg,均满足农用污泥污染物控制标准。统计每组不同市政污泥施加量土壤的Cd、Pb和Zn含量,结果如图7~图9所示。

随市政污泥施加量增加,Cd含量降低,Pb和Zn含量增加,施加量为50%时,Cd、Pb和Zn含量分别为52mg/kg、301mg/kg和659.5mg/kg。对照表1中《土壤环境质量农用地土壤污染风险管控标准(试行)》(GB 15618—2018)限值可知,改良土壤中Pb、Cd、Zn均处于超标状态。因此,当城市污泥作为矿区土壤改良剂,必须控制其施入量,以降低其对土壤中重金属的影响。

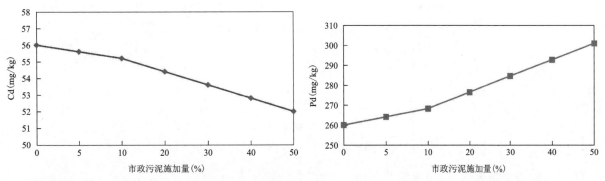

图7 土壤中Cd含量随土壤中市政污泥施加量的变化关系　　图8 土壤中Pb含量随土壤中市政污泥施加量的变化关系

2.3 施加市政污泥对高羊茅发芽率的影响

统计每组不同市政污泥施加量土壤中高羊茅的发芽率,结果如图10所示。

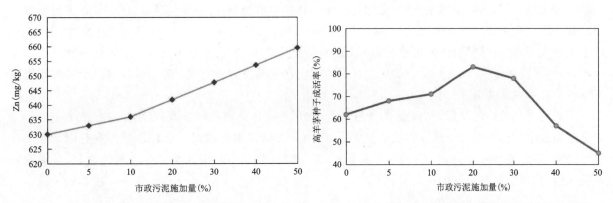

图9 土壤中Zn含量随土壤中市政污泥施加量的变化关系　　图10 高羊茅种子成活率随土壤中市政污泥施加量的变化关系

施加市政污泥可以显著提高高羊茅发芽率,没施加市政污泥的对照组高羊茅发芽率为62%,施加5%市政污泥后,发芽率提高到68%。随着市政污泥施加量的增加,高羊茅发芽率也不断增加,在添加污泥10%和20%的土壤中,高羊茅的发芽率分别为71%和82%。当污泥添加量30%,高羊茅发芽率开始下降,为78%。市政污泥施加量增加到40%和50%时,高羊茅的发芽率分别为57%和45%,已经低于对照组。可见,在添加20%市政污泥的土壤中,高羊茅的发芽率最高。

2.4 施加市政污泥对高羊茅生物量的影响

统计每组不同市政污泥施加量土壤中高羊茅生长30d后,收获后的根及地上部分干重。结果如图11所示。

施加市政污泥可以显著提高高羊茅生物量,生长30d后,没施加市政污泥的对照组高羊茅干重为0.06g,施加5%市政污泥后,干重提高到0.08。随着市政污泥施加量的增加,高羊茅干重也不断增加,在添加污泥10%和20%的土壤中,高羊茅的干重分别为0.13g和0.18g。当污泥添加量30%,高羊茅干重开始下降,为0.15g。市政污泥施加量增加到40%和50%时,高羊茅的干重均为0.05g,已经低于对照组。可见,在添加20%市政污泥的土壤中,高羊茅的干重最重,生物量最大。从增加高羊茅生物量角度分析,土壤中施加市政污泥量为20%时最有利于高羊茅生长。

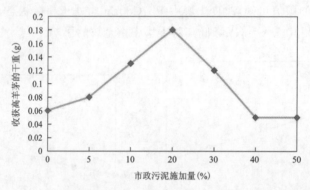

图11 生长30d后收获高羊茅干重随土壤中市政污泥施加量的变化关系

3 讨论

3.1 施加市政污泥对土壤养分和重金属含量的影响

施加市政污泥后,土壤容重下降,意味着土壤的孔隙率增加,有助于通气透水,这主要是因为市政污泥及其分解产生的腐殖质多为絮状、多孔的胶体团粒,充斥在土壤中使土壤变得疏松,施加量大于30%后土壤容重下降幅度降低;施加市政污泥后,土壤有机质和速效N、速效P、速效K含量显著高于对照组,可以促进高羊茅生长。因此,市政污泥能够改善矿区贫瘠土壤的性质,施入市政污泥能够有效提高土壤养分和有机质含量。

本研究所使用的市政污泥中,Zn的含量符合《农用污泥污染物控制标准》(GB 4284—2018),Pb、Cd含量超出标准。由于矿山土地以种植植被为主,Pb、Cd含量超出标准对绿化植被的影响有限。施加市政污泥后,改良土壤中Pb、Cd、Zn均处于超标状态。因此,将城市污泥作为矿区土壤改良剂,必须控制其施入量,以降低其对土壤中重金属的影响。

3.2 施加市政污泥对高羊茅生长的影响

在添加市政污泥20%的改良土壤中,高羊茅的发芽率最高(82%),之后随污泥添加量增加,高羊茅发芽率出现下降。由此可见,一定量市政污泥的施入有利于鸭跖草的萌发,促进其生长。但施入量过高就会对其造成毒害性,抑制其发芽。

未施加市政污泥时,矿区土壤因质地较差,养分含量贫瘠,无法为高羊茅的萌发提供良好的环境和营养成分。当污泥施入量控制在20%以内,既可满足高羊茅种子的萌发,又对高羊茅的毒害性最小。

在添加市政污泥20%的改良土壤中,高羊茅的干重最重,生物量最大,这与高羊茅发芽率试验结果一致。当污泥比超过20%,高羊茅干重下降,说明其生长变缓慢。考虑有两方面的原因:一是由于市政污泥中含有大量有机质和营养物质,添加量过多时,营养物质无法全部被植物吸收利用,滞留在根际土壤中,易造成植物"烧苗"现象;二是市政污泥中的重金属等有毒物质过多后对高羊茅的毒害加深,导致其生长缓慢。

4 结论

(1)市政污泥的施加可以显著降低土壤容重、提高有机质和速效 N、速效 P、速效 K 含量,有效改善矿区土壤结构,提高土壤养分含量,促进高羊茅生长。但是,施加量大于 30% 后土壤容重下降幅度降低。

(2)城市污泥和矿区土壤中均含有重金属 Cd、Pb 和 Zn,均超《土壤环境质量农用地土壤污染风险管控标准(试行)》(GB 15618—2018)中的限值。随着城市政污泥的添加,改良土壤中 Cd 含量降低,Pb、Zn 含量增加。因此,将城市污泥作为矿区土壤改良剂,必须控制其施入量,以降低其对土壤中重金属的影响。

(3)通过高羊茅种子萌发实验及幼苗生长实验知,一定量市政污泥的施加,可以提供良好的环境和营养成分,有利于鸭跖草的萌发,促进其生长。在添加市政污泥 20% 的土壤中,高羊茅的发芽率最高,施入量过高会对其造成毒害性,抑制其发芽,过多的营养物质无法全部被植物吸收利用,滞留在根际土壤中,抑制高羊茅生长。

(4)实验证明,当污泥添加比例为 20% 时,高羊茅的生长情况最为良好,施加市政污泥添加率为 20% 来改良矿区土壤是可行的。

主要参考文献

艾艳君,李富平,卢赛,等,2022.施加污泥堆肥对紫花苜蓿长势及尾矿重金属活性的影响[J].矿业研究与开发,42(2):144-150.

查金,贾宇锋,刘政洋,等,2020.市政污泥堆肥对矿山废弃地生态恢复影响的研究进展[J].环境科学研究,33(8):1901-1910.

李冰美,2016.焦作市北部矿山废弃地绿化基质优化配比试验研究[D].焦作:河南理工大学.

潘志强,2020.城市污泥联合植物改良修复废弃矿区土壤的研究[D].武汉:武汉科技大学.

王开峰,彭娜,刘德良,2012.面向矿山废弃地复垦的炉渣污泥人工土壤的理化特性[J].环境工程学报,6(8):2875-2881.

杨鞾鞾,2012.矿山废弃地生态修复技术与效应研究[D].郑州:华北水利水电大学.

张鸿龄,孙丽娜,郝栋,等,2008.粉煤灰、城市污泥、尾矿砂配施用于无土排岩场生态修复人工土壤的持水性能研究[J].农业环境科学学报(1):160-164.

张莉,王丽萍,钱奎梅,等,2011.污泥在矿区生态修复系统中的应用[J].节能,30(1):69-71.

赵吉,康振中,韩勤勤,等,2017.粉煤灰在土壤改良及修复中的应用与展望[J].江苏农业科学,45(2):1-6.

充填注浆技术在煤矿塌陷区地质灾害治理中的应用

李旭庆 贾元庆 郑晓良

(河南省第二地质矿产调查院有限公司,河南 郑州 454001)

摘　要：充填注浆是矿山塌陷区地质灾害治理的有效方法。通过对焦作市修武县某一废弃煤矿采空巷道塌陷引起的地质灾害的治理,详细介绍了大掺量粉煤灰充填注浆施工工艺技术和施工,包括浆液配比,钻进与注浆过程出现的异常情况的处理,对其他同类项目有一定的借鉴作用。

关键词：充填注浆；粉煤灰；塌陷区；地质灾害

0　引言

地下煤炭资源开采结束后,在废弃的矿井中形成采空区,采空区周边的岩体原有应力平衡状态受到破坏,产生应力集中,采空区顶板、围岩和矿柱因而发生变形、位移和破坏,顶板出现冒落、断裂、弯曲等形式的变形和破坏,岩层自下而上形成了冒落带、断裂带、弯曲带(何国清等,1994)。采空区煤层顶板在自重作用下由于岩层的拉应力超过自身抗拉强度而发生断裂而垮落,垮落的岩块大小不一、无规则的堆积在采空区内而形成冒落带。这些岩块堆积体内部空隙较大,连通性较好。断裂带位于冒落带上部,由于受冒落带内岩块堆积体的支撑,虽然岩层内存在垂直于层理面的裂缝和断裂以及顺层理面的离层裂缝,但仍然保持原岩层的层状结构,岩层裂缝的张开程度和连通性自下而上逐渐由强变弱。弯曲带则位于断裂带的上部直至地表,其内部岩层受自身重力作用层面产生法向弯曲,但岩层依然保持其整体性和层状结构,岩层之间变形差值较小,呈平缓弯曲状,因而地表变形也相对和缓,但会出现一些上大下小的伸张性裂缝。如果开采范围较大或采空区埋藏深度较浅,这种变形破坏就会发展到地表,形成开采沉陷区。在沉陷区内常出现地裂缝、塌陷坑、台阶状塌陷盆地,导致沉陷区及其周边建筑物、道路等开裂或损毁,造成地表土地资源退化无法有效利用,甚至还会破坏地下水资源的系统平衡,严重影响周边居民的安全生产和生活。只有在冒落带内碎散岩块之间的空隙被充填密实后,才能尽快恢复各个岩层内部的应力平衡,因此,对废弃煤矿采空塌陷区的治理,避免次生地质灾害的发生,对于防灾减灾具有重要意义。

目前,充填注浆是废弃煤矿塌陷区地质灾害治理的有效方法。通过充填注浆加固使采空区冒落带内岩块固结为一体,同时充填采空区上覆岩层断裂带和弯曲带中的离层裂缝和裂隙,改善和强化采空区围岩结构强度,加快采空区岩体应力平衡的恢复和稳定,从而减小塌陷区内地表的沉降和变形。

作者简介：李旭庆(1967—),男,高级工程师,大学本科,学士学位,主要从事岩芯钻探、工程施工等技术管理工作。
E-mail:lixuqing671@sohu.com。

1 塌陷区概况

该采空塌陷区地质灾害治理项目位于焦作市修武县西村乡新东交口村,属太行南麓丘陵地带,地势北高南低,山坡平缓,地面坡降3‰～6‰,地表为第四纪松散覆盖层。塌陷区面积2km²,塌陷坑最大塌陷深度度8.0m。地表塌陷造成大部分农田出现季节性积水,无法耕种,破坏耕地面积约580亩(1亩≈666.67m²),山地面积约360亩。因采空区塌陷变形造成居民房屋出现宽度不等的裂缝,村东道路出现断裂,严重影响到村民的安全生产和生活。

2 治理区地质灾害勘查

塌陷区地处华北地台山西台隆与华北凹陷接触地带,次级构造单元位于圪料返断层与交口断层所构成的断块中,区内以断裂为主。根据煤矿开采资料,该煤矿于1975年4月生产,1985年闭坑,企业倒闭。该矿山主要开采二$_1$煤层。煤层厚3.1～4.3m,平均3.49m,埋藏深度在105～115m之间,倾向基本为150°,倾角6°。塌陷区地层见表1。

表1 塌陷区地层简表

地层系统		厚度(m)	岩性
第四系		20～40	黄褐色—棕红色黄土及泥质、砂质坡积、冲积砾石
下二叠统	石盒子组(P_1sh)	25.22	灰绿色、黄褐色泥岩,间夹薄—中厚层黄色砂岩层厚25.22m
		20.56	黄色—黄褐色中—细砂岩与铝土质泥岩、黏土岩互层厚
		5.3	岩性为杂色铝土质泥岩、黏土岩厚
	山西组(P_1s)	33	暗灰色、黄色长石石英砂岩间夹黄色薄层泥岩,有2～3条煤线
		8～80	黑色碳质粉砂岩、碳质页岩、暗灰色长石石英砂岩,中—薄层状
		2～9	二$_1$煤层:暗灰色、黑色、金属光泽,局部夹碳质页岩、粉砂质黏土岩
		12	碳质粉砂岩、碳质页岩、砂岩、泥岩互层
上石炭统	太原组(C_3t)	70	灰岩和泥岩、粉砂岩及砂岩互层,每层灰岩之下均有煤层或煤线
			泥岩、粉砂岩、砂岩为主,夹薄层灰岩、薄煤层及煤线
			灰岩为主,夹薄层砂岩、粉砂岩、泥岩及煤线

以1∶2000地形地质高精度测绘图为基础,通过地质调查发现地裂缝在横向平面上呈条带状、雁状平行排列,在垂向上倾向南东。采用物探高密度电法测量与钻探工程相结合,查明居民区下部有一段老采空巷道,仍处在塌陷活动发展期中。洼村F$_1$断层从区内北部经过,为一隐伏断层。地面塌陷影响边界平行于塌陷采空区走向分布,塌陷变形形成的地裂缝当前仍处于活动期,长约80m,横向上由北东向南西总体逐渐加宽,纵向形态上由浅部向深呈加宽状。在有地表覆盖的地方,地裂缝地表浅层充填也不密实,局部存在有空洞。沿地表裂缝走向,共造成26户居民房屋出现宽度不等的裂缝。

本项目采用充填注浆加固技术对新东交口村地质灾害进行加固处理,确保塌陷区居民住房和村东公路地基的稳定性。项目于2016年9月开始施工,根据前期治理区地质灾害调查结果,采空区设计治理长度为306m,宽度为256m。在新东交口村内按20～25m间距布设5排注浆孔,设计注浆钻孔15个,设计深度为地表钻进至采空区底板以下1.5～2m。

3 充填注浆加固技术

3.1 钻孔施工工艺

钻机选用XY-2型岩芯钻机，注浆泵为BW-250型泥浆泵。钻孔开孔直径为146mm，钻至完整基岩2～3m后，下入φ127mm套管护壁，然后变径为91mm，采用金刚石单动双管钻具清水钻进方法钻至采空区煤层底板以下1.5～2m后终孔。钻进中应每50m测斜一次钻孔顶角，要求＜1°/100m，保证钻孔垂直度在规范要求的范围之内。

钻进中注意观察钻进情况，如发生钻孔漏失、掉钻、埋钻等现象，要详细记录其深度、层位和耗水量。由于采空区塌陷自上而下形成了弯曲带、断裂带、冒落带，钻进这些岩层带时出现不相同现象。在弯曲带岩层中钻进时，由于岩层依然保持其原来整体性和层状结构，钻进过程中钻机运行较为平稳，所取得的岩芯也较为完整，孔口返水量正常，水量消耗较少；当钻头进入到断裂带时，由于岩层自上而下开始出现越来越多的裂隙和裂缝，钻机运行开始变得不稳定，振动较大，同时伴随着钻孔漏失量的不断增大，表现为孔口返水量减少甚至不返水，取出的岩芯也不完整，出现纵向或陡倾角裂纹。当钻入冒落带时，钻机运行不稳定，孔口不再返水，常会出现掉钻、卡钻甚至埋钻的现象，下钻时常出现钻头下不到钻孔底部，需要进行扫孔，岩芯破碎混杂，出现煤屑。在冒落带中钻进，孔内事故易发，应做好充分准备。在不同层带中钻进时所呈现的特殊钻进现象，有助于对这3种层带深度位置进行判断。对于采空巷道周边的钻孔，根据所取岩芯的岩性和完整程度判断钻头底部是否已钻进进入巷道底板的岩层中，通常钻至巷道底板岩层中1.5～2m后停钻终孔。

在现场多个钻孔的施工中，在覆盖层和岩层结合处钻进时，出现掉钻现象，深度基本在20m左右，初步判断在这个层位存在离层裂缝或空洞，为保证本次治理项目治理效果，在治理区范围内新增8个浅孔（ZK16～ZK23），主要针对重点区域内的覆盖层和岩层结合处进行补充注浆，通过注浆进一步对这些区域进行加固，尽可能防止离层裂缝或空洞中浆液充填不饱满，浆液失水凝固后继续出现残留空洞。因此，本项目治理区实际完成钻孔为23个。

在钻孔施工中，除第四纪地层外，不使用化学泥浆，避免泥浆产生的泥皮堵塞裂隙，阻碍裂隙的连通性，影响注浆时浆液的扩散，同时也防止在冒落带中残存的化学浆液对注浆材料产生不良的物理或化学反应，影响注浆浆液结石的胶结强度和密实度。

钻孔施工按照先施工治理区边缘的帷幕注浆钻孔，再施工治理区内其他钻孔的顺序进行。钻孔施工结束后，在钻孔变径处下入中心焊接有注浆管的DN125法兰，注浆管为DN50的镀锌管，法兰下端注浆管长约1m，管上有数量不等的钻孔，钻头呈花管形式，法兰上端注浆管长度超出地面约0.5m，然后在孔内变径处的法兰顶面以上灌入添加有速凝剂的水泥砂浆，其质量配比为水∶水泥∶沙＝25∶50∶100。水泥为普通425硅酸盐水泥，水玻璃模数为2.4～3.3、波美度为38°～48°Bé的市售产品，掺量为水泥重量的2％～4％。从孔口灌入砂浆并超出完整基岩上顶面3～5m。高于地面的注浆管端口在注浆前应妥善封闭保护好，防止异物掉落，堵塞注浆管。

3.2 充填注浆施工工艺

1. 充填注浆材料与浆液配比

充填注浆材料固相成分为水泥和粉煤灰，并备用一定量的速凝剂和减水剂。粉煤灰作为浆液的主要成分之一，对浆液的性能影响较大。由于粉煤灰的烧失量越大，粉煤灰中未燃尽的碳含量越多，就会影响粉煤灰中活性氧化物与水泥水化产物的相互作用，从而会降低粉煤灰的胶凝活性。此外，过高的SO_3含量会影响水泥胶凝材料的安定性，降低其强度和耐久性，并且粉煤灰愈细，其比表面积愈大，活性更高，需水量比越小，减水效果越明显，在相同体积的拌合水条件下，浆液的流动性更好（邓初首，2004）。因此，粉煤灰的烧失量、SO_3含量、细度、需水量比等主要性能指标应满足相关国家标准中对各品级粉煤灰的质量要求。为确保注浆效果，凝固后的结石体抗压强度满足不小于2MPa的设计要求，因此，水泥采用本地坚固水泥厂生产的优质425#普通硅酸盐水泥，粉煤灰选用焦作电厂生产的Ⅰ级粉煤灰，水玻璃为模数为3.2，波美度为40°Bé。其中粉煤灰抽样检测结果见表2。

表2 粉煤灰主要技术指标检测结果

检测项目	细度(45μm方孔筛筛余)(%)	需水量比(%)	烧失量(%)	含水量(%)	SO_3质量分数(%)	密度(g/cm³)
国标标准	≤5	≤95	≤5	≤1	≤3	≤2.6
检测结果	3.7	91	3.2	0.4	2.1	2.5
检测结论	合格	合格	合格	合格	合格	合格

经过室内试验和检测，浆液配比选择水固比为0.8和1.0两种，水泥与粉煤灰固相质量比为3∶7，28天龄期抗压强度分别为2.3MPa和2.1MPa。两种浆液的主要性能为：流动度为205～260mm，初凝时间为19～21h，终凝时间为36～52h，为缩短凝固时间可添加3%～6%的水玻璃。加入3%的水玻璃后，流动度为210～240mm，初凝时间为17～19h，终凝时间为32～50h；加入6%的水玻璃后，流动度为180～225mm，初凝时间为12～16h，终凝时间为30～47h。

2. 充填注浆施工

为保证浆液搅拌质量和注浆过程连续进行，制浆采用两级搅拌。先在一级搅拌筒中按照配比加入水至搅拌桶规定的刻度，然后再分别加入水泥、粉煤灰，待搅拌均匀后，再加入水玻璃（需要时）。浆液在一级搅拌筒中的搅拌时间应大于3min。待浆液搅拌均匀后，通过滤网过滤放入到二级搅拌池中继续搅拌，供注浆泵注浆使用。注浆施工中因故出现停待，二级搅拌池中如有浆液留存，再次使用时应不超过4h。在注浆施工中，对供水、供电、注浆泵等相关设备和机具有备份，保障注浆能够连续进行。

注浆施工顺序按照治理区周边帷幕注浆孔先进行注浆，然后再对治理区内注浆孔进行施工。对于帷幕注浆孔，注浆时的浆液浓度按照先稀后稠进行注浆。先用水固比为1.0的浆液进行注浆，注浆开始后做好泵压与二级搅拌池中液面下降变化的观测，准确记录注浆压力与注浆量，并根据实际情况调整注浆压力和注浆量。当注浆量达到设计浆量的30%左右时，如果孔口无压力，则采用水固比为0.8的浆液进行注浆。当注浆量达到设计浆量的60%左右时，如果孔口仍无压力，则应停止注浆，停待12～24h后继续注浆，此时浆液中可加入3%～6%的水玻璃。也可以采用间歇式注浆，每注入3～5m³停待1h的方式进行注浆。注浆过程中还应实时观测周边地面和其他钻孔情况。发现地面出现冒浆，应停止注浆，更换注浆孔进行注浆。对出现钻孔窜浆，可与窜浆孔交替进行注浆。对于钻进中出现严重漏失不返浆的钻孔，在注浆时要采用浓浆，可卸下注浆管接口，连接上三通和加沙漏斗装置，边注浆边投沙（韩斌等，2010）。

由于治理区为单层采空区，因此采用全孔一次注浆法施工。对治理区内钻孔注浆，先对塌陷采空巷道上的钻孔进行注浆施工。先用水灰比为1.0的浆液进行注浆，当注浆量达到设计浆量的30%左右时，改用水固比为0.8，添加3%～6%的水玻璃的浆液进行注浆。当注浆量达到设计浆量的60%左右时，如果孔口仍无压力，可边注浆边投沙。

当孔口注浆压力达到1.0～1.5MPa，注浆量小于50L/min，且连续稳定10～15min后可结束注浆（任红旗，2001）。

4　工程完成情况及沉降监测

本次充填注浆项目实际完成23个，除原设计注浆钻孔15个外，新增8个浅层离层空洞注浆钻孔，总进尺1 826.73m。除注浆孔外，根据监理要求对场地内自北向南所有地表裂缝进行了纯水泥浆液注浆处理，该治理项目总注浆量为9821m³（表3）。

表 3　钻孔及注浆施工完成工作量统计表

钻孔编号	钻孔施工		钻孔注浆		钻孔编号	钻孔施工		钻孔注浆	
	施工时间	孔深(m)	注浆时间	注浆量(m^3)		施工时间	孔深(m)	注浆时间	注浆量(m^3)
ZK1	10.11~10.20	109.00	11.23~11.28	430.0	ZK14	10.11~10.17	110.30	11.19~11.23	590.0
ZK2	10.21~10.30	110.22	12.26~1.6	526.0	ZK15	10.18~10.25	110.50	1.6~1.23	632.0
ZK3	9.17~9.23	109.20	9.28~10.3	310.0	ZK16	11.2~11.4	22.20	12.9~12.11	23.0
ZK4	9.24~9.30	109.90	10.15~10.20	795.0	ZK17	11.4~11.5	24.00	12.12~12.14	150.0
ZK5	10.1~10.8	119.50	11.3~11.7	400.0	ZK18	11.6~11.7	24.50	12.15~12.17	50.0
ZK6	9.17~9.25	109.13	10.4~10.9	800.0	ZK19	11.8~11.9	20.70	12.18~12.20	30.0
ZK7	9.26~10.5	108.05	10.20~10.25	1 000.0	ZK20	11.10~11.11	23.3	12.21~12.21	180.0
ZK8	10.8~10.15	103.05	11.7~11.11	220.0	ZK21	11.12~11.13	20.20	12.22~12.22	70.0
ZK9	9.17~10.1	111.20	10.10~10.14	1 103.0	ZK22	11.14~11.15	20.70	12.23~12.24	25.0
ZK10	10.2~10.9	119.20	10.26~10.30	336.0	ZK23	11.16~11.17	20.10	12.25~12.25	185.0
ZK11	10.11~10.18	106.60	11.11~11.15	380.0	地裂缝			11.29~12.8	236.0
ZK12	9.20~9.30	107.17	10.30~11.3	1 020.0	合计		1 826.73		9 821.0
ZK13	10.1~10.10	108.01	11.15~11.19	330.0					

施工结束 3 个月后,对治理区内采空塌陷巷道进行钻孔取芯,岩芯基本完成,裂隙中浆结石完整可见。浆液结石体试样抗压强度均大于 2.0MPa 满足设计要求。在充填注浆施工前建立了治理区内沉降观测网,定期对地面进行沉降观测。从工程开始到工程结束没有发生异常沉降,房屋的裂缝基本稳定未发生变化。对注浆点附近的监测点进行的定期观测显示,充填注浆对治理区内场地的平均沉降速率控制作用明显,注浆前为 0.035mm/d,充填注浆施工完成两个月后为 0.005 7mm/d。

5　结语

充填注浆加固是废弃煤矿塌陷区地质灾害治理的有效方法。在施工过程中应重点对各关键工序予以严格控制。在钻孔钻进中,要详细记录发生钻孔漏失、掉钻、埋钻位置的深度、层位以及耗水量。对注浆材料应按批次进行抽检,浆液调制应按配合比精确计量。注浆施工时,应根据实际情况采取不同注浆方法予以应对,这些都是保证充填注浆施工质量和效果的关键点,应予以充分重视和严格管理。

主要参考文献

邓初首,2004.粉煤灰品质指标的解读与灰质评价标准的分析[J].混凝土,182(12):16-18,31.
韩斌,陈寿根,向龙,2010.采空区充填注浆投沙工艺技术研究[J].四川建筑,30(5):192-194.
何国清,杨伦,凌赓娣,等,1994.矿山开采沉陷学[M].徐州:中国矿业大学出版社.
任红旗,2001.煤矿采空区钻孔注浆治理工艺[J].中国煤田地质,13(2):102-103.

基于SBAS-InSAR技术的矿区地表变形监测应用与分析

陈 阳[1]，孙亚鹏[2]，夏 涛[1]，张文培[1]

（1.河南省自然资源监测和国土整治院，自然资源部黄河流域中下游水土资源保护与修复重点实验室，
河南省地质灾害综合防治重点实验室，河南 郑州 450016；
2.河南省资源环境调查二院有限公司，河南 郑州 450000）

摘 要：深埋地下的矿产资源的开采，往往会造成地表原始地层的扰动和破坏，不仅会破坏土地资源，还会诱发地表的沉降和塌陷等地质灾害以及一系列的次生灾害，因此为有效防止地质灾害隐患的发生，对矿区进行地表形变监测具有重要意义。本次研究以博爱县为例，利用短基线集雷达干涉分析（SBAS-InSAR）技术对覆盖博爱县矿山的34景Sentinel-1A影像数据进行地面沉降信息提取解译，获取了该矿区年均形变速率和累积形变量等信息，通过对沉降数据对比分析，甄别出形变异常的区域，其成果可为防控地面沉降及其灾害链的发生与发展提供数据支持。

关键词：地表形变；SBAS-InSAR；监测；Sentinel-1A

引言

矿山开采引起的大面积地表沉降问题由来已久，地下矿产资源的不合理开采，极易引起地面形变，破坏地表结构，诱发滑坡、塌陷、地裂缝等地质灾害，严重威胁区域的可持续发展，给人们的生命财产安全带来隐患（Yue et al.，2011），因此科学、及时、有效地对矿区地面进行形变监测具有重要的研究意义。传统水准测量、GPS等测量技术存在测站稀疏、工作量大、周期长、监测范围小、点位保存困难等缺点（姜德才等，2017），不能适应矿区形变监测的要求。

近年来，随着卫星遥感技术应用领域不断发展，大量星载合成孔径雷达（synthetic aperture radar，SAR）数据的出现，使得SAR应用技术也在不断完善。相比于测站稀疏且耗时耗力的传统水准、GPS测量技术，连续覆盖、高精度和高度自动化的差分合成孔径雷达技术（differential interferomertry synthetic aperture radar，D-InSAR）成为获取地表形变信息的有效手（马飞等，2018；李金超等，2019）。但由于易受时间、空间失相干与大气延迟的影响，D-InSAR技术存在时空基线和大气效应等误差，很难获得连续的沉降监测结果（葛大庆等，2007；朱建军等，2017；王路遥，2019）。针对这一缺点，基于小基线集和奇异值分解的小基线集（small baseline subset InSAR，SBAS-InSAR）技术被提出（Berardino et al.，2003）。SBAS-InSAR技术通过影像的自由组合得到较多干涉图，选择空间和时间基线较小，具有高相干性的干涉图可减小地形对差分的影响，提高变形监测的准确性，能更好地消除技术中的时空失相关、大气延迟相位以及地形相位误差等影响，获取研究区域毫米级的形变信息（Lanari et al.，2004）。因

作者简介：陈阳（1988—），男，硕士，工程师，主要从事地质环境调查、监测、评价及生态环境调查等方面工作。
E-mail：531153054@qq.com。

此,本文采用 SBAS-InSAR 技术对覆盖焦作市博爱县矿山的 34 景 Sentinel-1A 影像数据进行处理,获得了研究区的形变信息,并从形变特征和形变机理等方面对形变信息进行了监测研究。

1 研究区概况与数据来源

1.1 研究区概况

本文选取的研究区位于河南省西北部、太行山南麓、豫晋两省交界处的焦作市博爱县,县域面积 427.61 km^2,县域地貌由剥蚀侵蚀山地和冲积、洪积平原两个基本单元构成,地貌的地域性差异十分明显,北部为山地,南部是平原,总体地势北高南低,呈阶梯状分布。县域北部中低山区主要分布耐火黏土、水泥用灰岩、铁矿、硫铁矿、陶瓷土等矿产,南部平原区主要分布砖瓦用黏土、深部地下水、地热等矿产,拥有储量丰富矿产资源。加之郑太、焦枝、侯月 3 条铁路在县城北部交会,晋新、菏宝、焦桐 3 条高速公路横贯全境的优越的区位交通,发展工业条件得天独厚。

1.2 数据来源

本文选取覆盖焦作市博爱县的 2021 年 4 月至 2022 年 6 月的 34 景 Sentinel-1A 升轨影像数据进行分析处理,数据类型为干涉宽幅模式(IW)的单视复数(SLC)数据,地面分辨率为 5 m×20 m,极化方式为 VV 同向极化。实验还利用 30 m 分辨率的 SRTM1 高程数据消除地形相位,利用各影像对应的精密定轨星历数据减少轨道误差。

2 SBAS 技术基本原理

SBAS-InSAR 由 Berardino 等于 2003 年提出,不同于永久散射体技术(permanent scatterer InSAR,PS-InSAR)的单主影像,该方法是一种基于多主影像的 InSAR 时间序列方法。它通过短基线原则,将大量 SAR 数据组合为具有多个主影像的干涉子集,每个子集内的干涉对基线长度均低于临界基线值,时间基线也尽可能短,集合间的 SAR 影像基线距大,通过这种方式克服了时间和空间上的失相关,因此 SBAS-InSAR 可以通过较少的数据量来获取较可靠的监测结果,且其监测对象为分布式散射体,该方法更适合于矿区的地表形变监测。

基于短基线集原则,SBAS-InSAR 具有多个主影像,但仍需选取其中一景影像作为公共主影像进行配准。组成各干涉子集后,利用外部参考数字高程模型(digital elevation model,DEM)数据模拟并去除每个干涉相对的地形相位,然后生成时间序列差分干涉图集。相位解缠后得到每个相干目标的相位信息,包括形变相位、大气延迟相位、轨道误差相位等信息,各误差相位可在时间序列上采用滤波方法或多项式模型予以去除。由于 SBAS-InSAR 具有多个主影像,各干涉子集在联合求解时容易出现方程秩亏现象,因此引入奇异值分解方法,利用最小二乘原理得到地表时间序列形变信息(张伟佳,2013)。

3 数据处理流程

SBAS-InSAR 数据处理主要包括数据导入、数据裁剪、连接图生成、干涉工作流、轨道精炼和重去平、SBAS 两次反演、地理编码等阶段,具体 SBAS-InSAR 数据处理工作流程见图 1。

1. 数据导入

本项目为了得到更精确的监测结果,在数据导入的时候采用 Sentinel-1A 的精度高于 5 cm 的精密定轨星历数据文件。该数据的定位更准确,也能减少处理时由轨道误差引入的相位误差(图 2)。

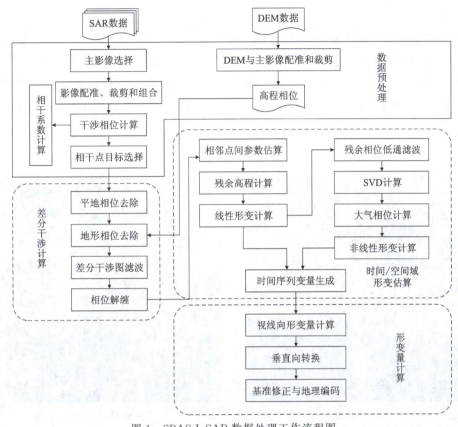

图 1　SBAS-InSAR 数据处理工作流程图

2. 数据裁剪

由于 Sentinel-1A 数据范围过大,整景影像的处理所占空间较高,为提升数据处理效率,对整景影像进行了裁剪(图 3)。

图 2　精密轨道导入后 SAR 影像

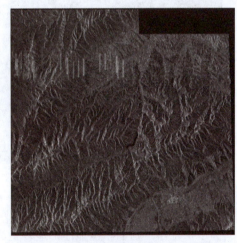

图 3　裁剪后的研究区原始 SAR 影像

3. 连接图生成

连接图生成是对输入景 Sentinel-1A 数据进行干涉像对配对,一个理想的 SBAS 数据集是所有的数据都能配对,每一景 SAR 影像都至少与其他 5 景或 5 景以上的影像进行连接,此次项目数据时相大于 15 景,为了减少运行过程中的冗余量过高以及提高结果精度,将采用 3D 解缠,移除距离向模糊、没有明显条纹、共同频带宽太低、物候变化太大等低相干性像对,保留相干性好的像对。相干性好的像对将会进行干涉工作流处理,然后用于 SBAS 反演。

4.干涉工作流

干涉处理是对连接图生成的干涉像对进行干涉处理,是 SBAS 技术的关键步骤,该步骤包括生成干涉条纹、去平、滤波和相干性图生成、相位解缠,完成后会将所有的数据配准到超级主影像上,为下一步轨道精炼和重去平以及 SBAS 反演做好数据准备(图 4~图 7)。相位解缠就是将干涉纹图的相位主值恢复为真实值的过程,也是干涉处理流中重要的环节,利用 Delaunay 三角网中的最小费用流法和 Goldstein 滤波对连接好的像对进行干涉处理(牛玉芬,2015;梁芳等,2022),剔除部分相干性不好和解缠效果差的像对(图 8)。

图 4　相干系数图

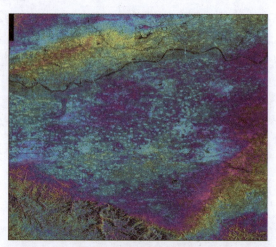

图 5　去平后的干涉图

图 6　去平和滤波后的干涉图

图 7　解缠结果图

5.轨道精炼和重去平

为了保证解缠后的相位能准确地转化为形变值,在数据处理过程中需要选择一些没有发生形变的点来作为地面控制点,以此来作为轨道精炼和重去平的基准。最常见的优化方法有自动优化、线性优化和轨道优化。

自动优化(automatic refinemen):首先根据输入的控制点估算轨道形态,当"Achievale RMS"大于阈值或空间基线的绝对值小于最小基线、或"Final RMS"大于阈值、RMS Ratio 大于阈值、GCP 点数小于 7 个,会自动切换到自动优化方法。

线性优化(polynomial refinement):不考虑轨道形态,从解缠后相位中估算出相位斜坡,线性优化是

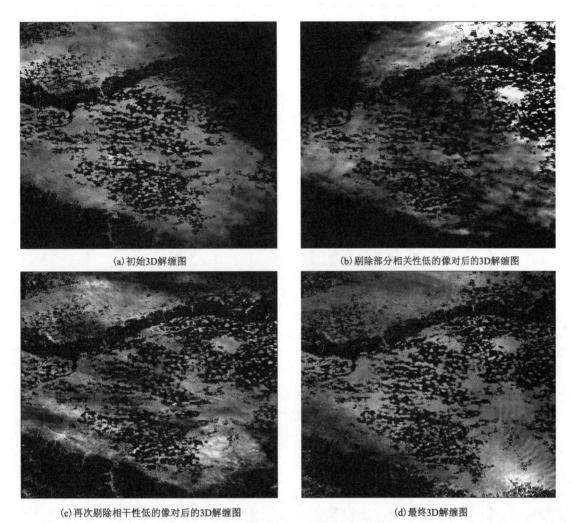

图 8 Delaunay3D 解缠效果图

先用多项式模式进行优化计算,然后再进行更详细的轨道精炼,因此该算法具有更好的健壮性,能在基线距较小的条件下提高实验结果精度。

轨道优化(orbital refinement):运用轨道多项式模型修正辅影像的轨道参数来去除相位坡道,因此该方法更精确,但该方法的前提条件是 GCP 点个数必须大于 7 个。项目根据不同区域采用不同的优化方法。

6. SBAS 两次反演

第一次反演选择健壮性最好的线性模型用于估算地表形变速率和残余地形;第二次反演是在第一次反演的基础上采用模型法去除大气滤波,相比第一次反演结果第二次反演去除了绝大部分的大气和噪声相位。

7. 地理编码

为了更好的对比 SAR 图像几何和辐射特征,将反演结果转化成统一的地理坐标,即将 SAR 数据从斜距坐标系转换到地理坐标系。设置地理编码结果分辨率 20m,地理编码的结果会重新投影至已加载的研究区 DEM 上,最终获取了 2021 年 4 月—2022 年 6 月雷达视线方向的地表平均形变速率结果(图 9)。正值表示地物沿朝向雷达视线方向发生了位移;负值表示地物朝远离雷达视线方向发生了位移。

图 9　博爱县 2021 年 4 月—2022 年 6 月沿雷达视线方向形变速率分布图

4　数据结果分析

依据《地面沉降干涉雷达数据处理技术规程》(DD 2014-11)中对地面沉降严重程度划分标准(表1),将平均沉降速率等于及大于 0mm/a 划分为稳定及抬升区域。根据博爱县 InSAR 监测成果,以及自 2021 年 4 月—2022 年 6 月 InSAR 监测年平均沉降速率,制作博爱县 2021 年 4 月—2022 年 6 月地面沉降发育程度严重程度分级图(图10)和地面沉降发育程度面积统计表(表2)。

表 1　地面沉降严重程度分级

指标	高	较高	中等	较低	低
沉降速率(mm/a)	<-80	-80～-50	-50～-30	-30～-10	-10～0

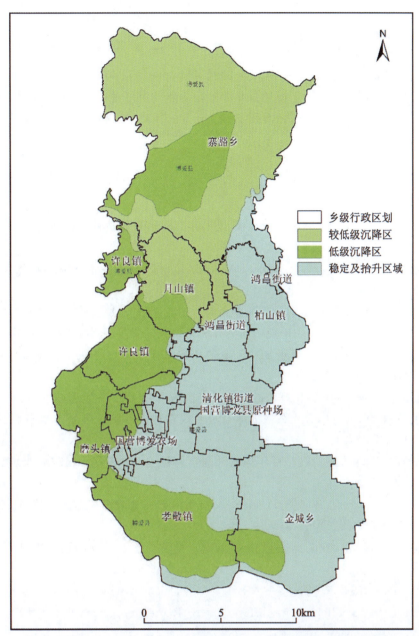

图 10 博爱县 2021 年 4 月—2022 年 6 月 InSAR 地面沉降严重程度分级

表 2 博爱县 2021 年 4 月—2022 年 6 月地面沉降发育程度面积统计一览表

地面沉降发育程度分级	高	较高	中等	较低	低	稳定及抬升
年平均变形速率(mm/a)	＜－80	－80～－50	－50～－30	－30～－10	－10～0	≥0
面积(m^2)	—	—	—	121 742 716.81	131 358 014.72	174 592 498.17
比例(％)	—	—	—	28.46	30.71	40.83

注：研究区监测结果中年平均沉降速率小于－30mm/a极少，且没有集中分布情况，研究区没有划分地面沉降中等发育以上区域。

监测结果表明，研究区地面沉降较低发育区域(－30～－10mm/a)的面积为 121 742 716.81m^2，占总面积的 28.46％，主要分布在寨豁乡和月山镇一带；地面沉降较高发育区域(－10～0mm/a)的面积为 131 358 014.72m^2，占总面积的 30.71％，主要分布在许良镇和孝敬镇一带；地面沉降中等发育区域(大于等于 0mm/a)的面积为 174 592 498.17m^2，占总面积的 40.83％，主要分布在柏山镇、鸿昌街道、清化镇街道和金城乡一带。

5　结语

本文运用 SBAS-InSAR 技术对覆盖博爱县 2021 年 4 月—2022 年 6 月的 34 景 Sentinel-1A 影像数据进行地面沉降信息提取解译,获取了博爱县北部矿区的年均沉降速率和沉降发育程度面积分布等信息。通过对监测数据的应用对比及分析,甄别出形变异常的区域,其成果一方面可为研究区的矿产资源安全开采和地面沉降防治提供决策依据,另一方面可以实现沉降地区的快速动态监测和灾害预警,对防控地面沉降及其灾害链的发生与发展有一定的参考价值。

主要参考文献

马飞,隋立春,姚顽强,等,2018.基于 InSAR 技术和 GS-SVR 算法的矿区地表开采沉陷预计[J].测绘工程,27(7):10-14.

王路遥,潘光永,陶秋香,等,2019.基于 SBAS-InSAR 时序分析技术的兖州矿区沉降监测与分析[J].煤炭技术,38(10):83-87.

牛玉芬,2015.SAR/InSAR 技术用于矿区探测与形变监测研究[D].西安:长安大学.

朱建军,李志伟,胡俊,2017.InSAR 变形监测方法与研究进展[J].测绘学报,46(10):1717-1733.

李金超,高飞,鲁加国,等,2019.基于 SBAS-InSAR 和 GM-SVR 的居民区形变监测与预测[J].大地测量与地球动力学,39(8):837-842.

张伟佳,2013.基于 SBAS-InSAR 技术的矿区形变监测研究[D].西安:长安大学.

周志伟,鄢子平,刘苏,等,2011.永久散射体与短基线雷达干涉测量在城市地表形变中的应用[J].武汉大学学报(信息科学版),36(8):928-931.

姜德才,张继贤,张永红,等,2017.百年煤城地表沉降融合 PS/SBAS InSAR 监测:以徐州市为例[J].测绘通报(1):58-64.

梁芳,杨维芳,李蓉蓉,2022.基于 SBAS-InSAR 技术的矿区地表形变监测研究[J].地理空间信息,20(11):44-48.

葛大庆,王艳,范景辉,等,2007.地表形变 D-InSAR 监测方法及关键问题分析[J].国土资源遥感,19(4):14-22.

BERARDINO P,FORNARO G,LANARI R,et al.,2003. A new algorithm for surface deformation monitoring based on small baseline differential SAR interferograms[J]. IEEE Transactions on Geoscience and Remote Sensing,40(11):2375-2383.

LANARI R,LUNDGREN P,MANZO M,et al.,2004. Satellite radar interferometry time series analysis of surface deformation for los angeles,california[J]. Geophysical Research Letters,31(23):345-357.

YUE H Y,LIU G,GUO H,et al.,2011. Coal Mining Induced Land Subsidence Monitoring Using Multiband Spaceborne Differential Interferometric Synthetic Aperture Radar Data[J]. Journal of Applied Remote Sensing,5(14):124-132.

其他

平原区水旱灾害协同减灾模式
——以河南"7·20"特大暴雨灾害为例

谢朝永[1,2]，刘兰菊[3]

(1.中国地质调查局金属矿山生态环境评价与修复技术创新中心,河南 郑州 45001;2.河南省地质研究院,河南 郑州 45001;3.新密市水利局,河南 新密 452370)

摘　要：平原区水旱灾害成为严重阻碍经济发展的不利因素,本文以囊储减灾工程为构架,建立互联网联控系统,先行预防,不同级别水系快速响应联动,可实现雨洪的资源化利用,同时具有防灾减灾的功能。囊储减灾工程突破平原区水旱灾害防治技术瓶颈,适合在平原区大规模建设,让大气循环带来的淡水资源被充分利用。该工程不仅助推经济增长,在防范敌对势力气象战方面也具有积极意义。

关键词：雨洪灾害效应;囊储减灾工程;大气循环淡水资源;气候变暖

联合国政府间气候变化专门委员会(IPCC)研究表明,1951—2012年全球平均地表温度升温速率达0.12℃/10a,全球气候呈变暖趋势。近年,受其影响极端天气灾害频发,大有席卷全球之势。

华北平原因地下水超采形成世界最大的漏斗区,累计地下水亏空量达1800亿 m^3,地下水超采区达18万 km^2,水井枯竭、泉水断流、土地盐碱化、地面沉降、岩溶塌陷,以及地下水水质恶化等生态环境事件呈多发态势。目前,国家正处于工业化和城镇化进程快速发展期,社会发展与极端降水天气灾害之间的矛盾将长期共存(陈东辉等,2016)。

郑州"7·20"特大暴雨是全球气候变暖大环境下的突发灾害事件。本文以此为例,提出囊储减灾工程措施,将大气降水带来的巨量淡水资源加以利用,有效缓解平原区大气雨洪灾害效应,守护行蓄洪区人民生命财产安全不受威胁。囊储减灾工程可突破平原区水旱灾害防御的技术瓶颈,适合在平原区大规模建设,形成联网成片的地下水库群,发挥调蓄和防灾减灾作用。

1 自然背景

河南省处于北纬25°~40°的副热带季风气候区,北、西、南3个方向分别有太行山、伏牛山、桐柏山和大别山环绕,地势自西向东呈阶梯降低,丘陵缓冲带短,山洪直泻平原区,地形降水灾害效应显著(苏爱芳等,2021)。上述山脉对偏东气流形成抬升作用,地形地势有利于阻隔并聚集水气。降水往往在河南省西部、西北部山前地带呈北北东带状聚集。尤其6—9月份西风带系统和副热带系统交绥,洪水灾害和旱灾频繁(张庆云等,2018)。

基金项目：中央水污染防治资金项目(2020410183S1-40001)。
作者简介：谢朝永(1969—),男,汉族,河南永城人,硕士,高级工程师,从事地下水污染防治方向研究工作。E-mail:xcy0371@163.com。

河南省省会郑州地处豫西山区与华北平原衔接地带,虽然北侧毗邻黄河,但是黄河是河床高于郑州的"悬河",导致郑州境内河流无法汇入黄河,而是向东南流向淮河(图1),经流速缓慢的平坦广袤的华北平原区汇入黄海。

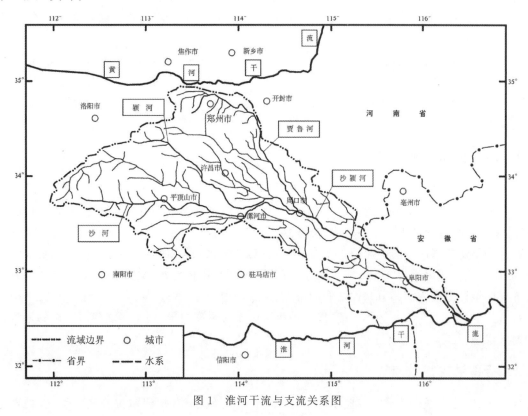

图1 淮河干流与支流关系图

2 河南省水旱灾害史

河南省平原占比55.7%,大灾自古多发,据史料记载,公元1450年(明朝景泰元年)至1949年,500年间河南省发生水旱灾害的年份达493年,发生水灾213～251年,旱灾224～264年,灾害发生的几率大致为2～2.5年/次(宋书敏,2021)。其中,大的水灾年和旱灾年各为47～62年和42～59年,约为8～12年/次。

1950～1990年,河南省年年都有水灾与旱灾。其中,水灾面积103.2万 hm^2,旱灾面积128.6万 hm^2。其中,"75·8"洪灾震惊中外(于为民和叶树鑫,1990;络承政和乐嘉祥,1996),1975年8月5日—7日淮河上游洪河、汝河、沙颍河降特大暴雨,三天降雨1605mm,暴雨中心林庄24小时降雨1060mm,导致板桥、石漫滩两座大型水库垮坝,给下游县市带来毁灭性灾难。

黄河是中国的第二大河,由于其下游蜿蜒游荡于一马平川的黄—淮平原区(华北平原),滋养了大河两岸的无数农田。黄河河道落差很小,平均比降只有0.12‰。从公元前602年至1938年的2540年间,下游决口泛滥的年份就有543年,决口达1590余次,重要改道达26次之多,经常摆动于华北平原和江淮平原之间(宋书敏,2021)。平原区水旱灾害成为危害人民生命财产和阻滞国民经济发展最大的灾种之一。

3 河南"7·20"特大暴雨灾害效应

3.1 "7·20"雨情

2021年7月17日至18日暴雨在豫北(焦作、新乡、鹤壁、安阳)聚集;19日至20日暴雨中心南移至郑州,并升级为特大暴雨;21日至22日暴雨中心再次北移,23日逐渐减弱结束。此次强降雨引发全省12条主要河流超警戒水位,启用了8处蓄滞洪区,共产主义渠和卫河新乡、鹤壁段多处发生决口。

17日8时至23日8时,郑州市累计降雨400mm以上面积达5590km^2,600mm以上面积达2068km^2。郑州市三天降雨量达617.1mm,接近640.8mm的年平均降雨量。这轮降雨折合水量近40亿m^3。

据国家应急管理部评估报告,河南省2.77万处水利工程设施损毁,150个县(市、区)、1664个乡镇、1478.6万人受灾,倒塌房屋35 325户99 312间,严重损坏房屋53 535户164 923间,一般损坏房屋209 465户664 279间;农作物受灾面积1 620.3万亩,成灾面积1 001.1万亩,绝收面积513.7万亩,数百人罹难和失踪,直接经济损失1 200.6亿元。

3.1 城市内涝灾害效应

郑州"7·20"特大暴雨远超城区排水系统极限,隧道、涵洞、防空洞等地下空间普遍漫灌,防备不力的地下车库充水,河水爆满,街区内涝严重,多个区域断电断水断网,道路损毁,铁路、公路及民航交通瘫痪。其中,京广北路隧道和地铁5号线为典型的地下工程灾害点,造成数百车辆被淹并有人员罹难。

此次强降雨造成城区内涝的原因主要有3点:一是雨强大,排水系统承载力不足;二是平原区城区平整度高,雨水流入河道运行缓慢无法及时排出;三是城区有限的洼地、湖泊无法承载强降雨蓄水调控作用。平原区城区雨季内涝具有共性通病的特点。

郑州市虽然投入了534.8亿元改造"海绵城市",由于渗透率所限,很难将强降雨带来的来势汹涌的雨水快速入渗地下。

3.2 行蓄洪灾害效应

郑州"7·20"特大暴雨造成143座水库中有103个超汛线水位,河流水位快速上涨,多处现危急险情,郑州市主城区和南水北调总干渠安全受到严重威胁,为了给水库减压启动了下游行蓄洪区,借此调控水势减缓险情。行蓄洪区在现有的防洪体系中发挥了牺牲局部保护全局的作用。

沙颍河是郑州泄洪承接水系,洪水经贾鲁河在周口市与颍河、沙河交汇泄入沙颍河(图1),最终经淮河干流直达黄海。沿途的扶沟县、西华县、周口市等地势低洼的行蓄洪区,承载了这次上游来水,特别是聂堆、西华营、东夏、田口、清河驿、东王营及淮阳区部分乡镇,作为原始蓄滞洪区都将被无情吞没。洪水在这些蓄滞洪区再次形成连锁灾害效应,群众抛家舍业,房屋、道路、农作物都将严重毁损,直接经济损失以数百亿元计。

千百年来每次泄洪都很悲壮而又无奈。这些传统的行蓄洪区往往"大雨大灾、小雨小灾、无雨旱灾",因洪致涝、旱涝并发已经成为行蓄洪区的常态。导致"郑州一感冒西华就发烧周口最头痛"的连锁灾害效应,也一直是水利减灾技术难题。行洪蓄区的开放应用严重影响当地的生产活动,对经济和社会造成极大冲击。因而,行蓄洪区也是我国经济社会发展的"盆地",长期无法摆脱经济社会发展水平低下的现状,严重制约我国社会经济均衡和和谐发展规划。

据《河南省蓄滞洪区和谐发展研究》,我国在长江、黄河、淮河、海河、松花江、珠江等流域中下游平原区共设置国家级蓄滞洪区98处(2010年修订),总面积约3.18万km^2,蓄滞洪量约1 106.54亿m^3。其中,1950—2001年淮河流域蓄滞洪区共启用了239次,为运用最频繁的蓄滞洪区(周勇,2011)。

总之,郑州"7·20"特大暴雨不是一个独立的洪涝灾害事件,它是水旱灾害的一个缩影,体现了广大平原区灾害具有共性的特点。

4 囊储减灾工程构架

囊储减灾工程是一种主动减灾工程措施,在不同级别水系布设规模不等的囊储箱体,收集上游雨季来水,达到防灾减灾目的。不同地段的囊储减灾工程既自成一体又相互呼应,这些囊储减灾工程之间通过河道勾连,连点成线,整个流域形成一个减灾网络,将洪水锁定在减灾网络中。依托互联网控制,各个囊储减灾工程点实现协同防洪抗灾。

囊储减灾工程可以充分收集丰水期大气循环降水带来的淡水资源,枯水季对其加以利用,这些优质的淡水资源可直接供人畜饮用、灌溉农田、水产养殖等,可大大缓解平原区淡水资源匮乏问题。同时,有利于涵养平原区地下水和改善生态环境。

囊储减灾工程包括囊储系统、排沙系统、自动集洪系统、提灌系统(提灌口4+水泵)等部件(图2)。

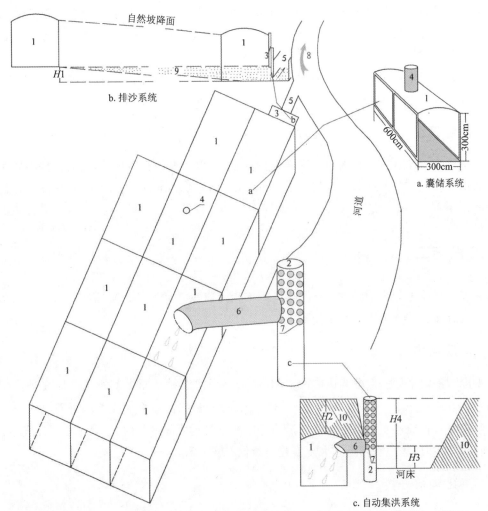

$H1$-自然坡降高度;$H2$-覆土厚度;$H3$-多年平均水位;$H4$-洪水位;1-囊储箱体;2-自动集水井;3-泄洪闸;4-提灌口;5-泄洪渠;6-连接管;7-集水口;8-河流流向;9-淤积泥砂;10-第四系。

图2 囊储减灾工程及工作原理

4.1 囊储系统

囊储箱体是整个囊储减灾工程的主体部件,具有储存雨水的功能。预制箱体长宽高为600cm×300cm×300cm(图2a),为一体囊状穹顶长方体,为钢筋混凝土材质。多个囊储箱体可拼装于一起,埋设于河两岸地下,箱体之上覆土层厚约1m,可满足作物生长要求(宋书敏,2021)。穹状顶板可更好地分散覆土及农事作业荷载压力。

按照整体设计,囊储箱体四周的壁体根据单体所在空间位置,每个壁或开放或封闭以满足连体拼装需要。囊储箱体单体可工厂化大规模预制,运输、起吊和拼装快捷方便,可迅速形成规模,当年建设当年即可投入运营。

4.2 排沙系统

排沙闸是整个囊储减灾工程的重要附属部件,排沙闸位于囊储箱体下游末端,具有控制储水量和排沙的功能(图 2b)。排沙闸采用弧形钢制电动闸门,布设暗渠连通主河道,通过箱体内水的自然压力冲洗淤积泥砂,也可从闸口机械驶入清淤。

4.3 自动集洪系统

自动集洪井是整个囊储减灾工程的重要附属部件,具有自动集洪功能。自动集洪井收集主河道的洪水,通过管道输送到囊储箱体,材质为钢筋混凝土,管径 200cm,不同高度开数个集水孔(孔径 40cm),壁内安装止回阀,在洪水季节自动收集并防止雨水回流。

自动集洪井布设于河堤内侧河道内,顶高度略低于堤岸,水位达到不同高度收集不同水位高度的洪水(图 2c)。根据实际情况也可布设双集洪井或多集洪井,加快收集洪水速度。

4.4 提灌系统

提灌口是整个囊储减灾工程的重要附属部件,提灌口位于囊储箱体顶端,具有供提灌取水或观察箱体内情况的功能。口直径 60cm,布设间隔 30m×30m,通过管道连通地表,兼有救援、通风、加氧和水产养殖投喂的作用。

5 工程施工

囊储减灾工程施工分为勘查设计→开挖基础沟槽→拼装囊储箱体→附属部件安装→机房建设→自动化控制系统调试安装→覆土等 6 个步骤。

5.1 地质结构

华北平原和淮河平原一般分为山前冲积相平原、中部河湖相平原和滨海相平原 3 种类型。河南省境内第四系厚度一般为 75～390m,Qp_1、Qp_2、Qp_3、Qh_4 均有发育,由多层交叠的砾石、砂、黏土、亚黏土、亚砂土层组成复合性地层。坡降由山前 2‰～1‰ 逐渐过渡到中部平原的 1.0‰～0.5‰,至滨海 0.3‰～0.1‰。地质结构和地势地貌均适宜大规模建设囊储减灾工程。

5.2 基础沟槽开挖

基础沟槽采用机械分层开挖,首先将表层 0～0.5m 耕作土壤(熟土)剥离,堆放两侧稍远地方;然后开挖 0.5～4m 生土层,放于熟土内侧。土堆应置于上边线 2m 以外,确保基坑壁安全稳定;为便于排水,宜从下游开挖,挖明排水沟直接排入河道,地下水丰富的作业段,宜采用管井机排与挖沟明排相结合的降水措施。全程用水准仪将高程控制在设计误差范围。

5.3 基槽底平整压实

在基槽底铺垫粗砂或碎石或砂砾石,作初步平整处理,振动碾压后再度刮平。基槽底用水准仪控制自然坡降标高,利用自然坡降使水形成压力差,便于泄洪冲砂(图 2b)。沉降符合工程建设规范要求。

5.4 组装囊储箱体

将预制好的囊储箱体构件按照设计方案准确安装。可根据用水需求量,横向或纵向拼装成连体,库容量大小可随机调整。

5.5 安装与运行

组装囊储箱体后安装集洪井、排沙闸、连接管道、供水设备等部件。在排沙闸上方建设机房和自动化控制系统，通电调试，方便后续运营管理和维护。拼装完成后进行覆土回填，按照先生土再熟土的步骤进行平整复垦。

囊储减灾工程施工宜在枯水季节施工，当年丰水期即可投入使用。构件可按照设计先行一步进行工厂化预制。

可以实现联网控制运行，枯水期囊储的雨水资源可供利用，丰水期来临之前腾空库存，洪水季节储存雨水。如此周期性循环，发挥防旱防涝的双重减灾功能。

建在行蓄洪区更可以替代蓄洪功能，同时减轻洪水对行蓄洪区的危害。囊储减灾工程可以大面积建设，形成平原区地下水库，可作为农业灌溉、水产养殖等水源，也可以作为饮水备用水源地。

6 效益分析

6.1 社会效益

据河南省 500 年干旱和洪涝频率统计（喻红，2007），对农作物生长不利的干旱年份约占一半，即河南省平原区有约 50% 灌溉保证率的潜在需求，囊储减灾工程灌溉应用前景十分广阔。

北方小麦、玉米旱作物灌水定额平均 750 m^3/hm^2，建 2000 个囊储箱体的囊储减灾工程群，库容量约 10.8 万 m^3，一次可灌溉约 144 hm^2 的小麦或玉米。囊储减灾工程建设将使我国粮食主产区灌溉水源得到有力保障。同时，也可以供平原区人畜饮用和作为发展水产养殖水源。囊储减灾工程所产生的社会效益都是显而易见的，也将带来可观的经济增长。

6.2 生态效益

南水北调（中线）横贯华北平原，是人类历史上一项伟大的水利工程，有效缓解了沿线重要城镇的水资源短缺问题。囊储减灾工程是对南水北调（中线）功能的有效补充，利于在华北平原区形成面状环境效应。

大气循环带来的巨量淡水资源能够在平原区得到有效储存和利用，囊储工程保存下来的雨水资源通过入渗可以有效补充地下水，从而减少工农业生产地下水开采的依赖度，对缓解水资源不足等问题有着重要的促进作用（李砚阁，2007；李旺林等，2012）。囊储减灾工程与南水北调中线形成"姊妹工程"，实现纵横优势互补，有助于提高地下水位，对改善平原区区域生态环境，消除开采漏斗和地面沉降具有积极意义。

7 结论与讨论

世界研究水资源资深专家彼得·格雷克博士曾警示，水危机将是未来引发战争的导火索。到 2025 年，全球 1/3 的国家和地区将会面临水资源短缺问题。然而，每年很多缺水地区大量雨洪径流却白白回归海洋，长期的干旱和洪涝灾害却得不到缓解。

我国的水利工程均集中于山区大江大河的干流和支流，平原区水利工程的建设明显滞后。囊储减灾工程可以发挥平原区洪水的自然优势，将洪水灾害转变为可供持续利用的淡水资源，建立平原区"可持续发展治水模式"，将洪涝带来的灾害最小化而利益最大化，达到社会经济和自然环境协调发展。

囊储减灾工程是平原区防洪减灾的新举措。囊储减灾工程的突出优点在于不移民、不影响表层耕种、易于施工、工期短见效快、无次生灾害等。囊储减灾工程储水于地下，避免了无效蒸发；平原区地质简单,便于规模化、机械化建设,特别囊储箱体等主要部件便于产业化集约化工厂化预制生产,效率高,工期大大缩短。

囊储减灾工程可以联网成片,形成规模可观的"地下水库"群,突破了平原区水库建设困难和无水可蓄的技术瓶颈,完全可替代传统山区水库的调蓄功能。

囊储减灾工程不仅能解决城区内涝问题,也解决了下游蓄洪区连锁灾害效应问题,对抵御水旱灾害都具有积极作用。

主要参考文献

陈东辉,汪结华,宁贵财,等,2016.北京市极端降水事件和应对策略分析[J].灾害学,31(2):182-187.

甘容,陈长征,2021.沙颍河流域径流过程模拟与径流组分变化特征[J].南水北调与水利科技,19(1):83-91.

河南省水利厅水旱灾害专著编辑委员会,1999.河南省水旱灾害[M].郑州:黄河水利出版社.

李明良,马俊梅,陈胜锁,等,2009.河北省太行山前平原区建立地下水库的可行性初探[J].南水北调与水利科技,7(2):1672-1683.

李旺林,刘长余,汤怀义,2012.地下水库设计理论与工程实践[M].郑州:黄河水利出版社.

李砚阁,2007.地下水库建设研究[M].北京:中国环境科学出版社.

骆承政,乐嘉祥.1996.中国大洪水[M].北京.中国书店出版社.

宋书敏,2021.道光二十三年黄河大洪水钩沉[J].人民黄河,43(2):36-40.

苏爱芳,吕晓娜,崔丽曼,等.2021.郑州"7.20"极端暴雨天气的基本观测分析[J].暴雨灾害.40(5):455-465.

于为民,叶树鑫,1990."75·8"浩劫内幕纪实[M].郑州:黄河文艺出版社.

喻红,2007.某地下河的开发与利用[J].建材与装饰,7(2):248-249.

张庆云,宣守丽,孙淑清,2018.夏季东亚高空副热带西风急流季节内异常的环流特征及前兆信号[J].大气科学,42(4):935-950.

左其亭,罗增良,石永强,等,2016.沙颍河流域主要参数与自然地理特征[J].水利水电技术,47(12):66-72.

基于遥感监测应用于特色农业的研究

顾贯永,申扎根

(河南省地质研究院,河南 郑州 450016)

摘 要:通过遥感监测手段,实地勘查调查取证,利用农业调查技术,在已有的成果资料基础上,实现对研究区农用地单元、农业生产单元划分,确定特色农产品区域,进行特色农产品分布特征、动态监测的研究,进一步圈定绿色、特色土地,为农业种植结构调整,发展绿色、特色农业提供依据,并应用于开展"两绿一特"综合实验区建设示范。

关键词:遥感监测;单元划分;分布特征;动态监测;建设示范

0 引言

农业农村农民问题是关系国计民生的根本性问题。农产品的生长、繁衍和产品质量具有很强的地域选择性。许多优良农产品只限定于某一特定的区域内,这种特定区域就是包括岩石类型、地形地貌、水热条件等方面在内的生态地质条件的特定区域,这些因素综合作用的结果影响了农作物产量和品质(李风玲,2006)。为积极推动遥感工作更好地服务于"三农"和乡村振兴战略,本文通过遥感监测的手段,圈定绿色、特色土地,发现污染地块,为农业种植结构调整,发展绿色、特色农业,以及土地污染治理提供依据;分析研究区内农作物的变化特征,并应用于开展"两绿一特"综合实验区建设示范,积极推动绿色、高效农业产业化发展。

1 技术路线

利用相应的遥感技术、地质调查技术、农业调查技术,以及已有的资料成果,实现农用地单元划分、农业生产单元划分、特色农产品区域、特色农产品分布特征、特色农用地动态监测的研究(图1)。

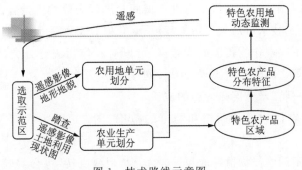

图1 技术路线示意图

作者简介:顾贯永(1984—),男,河南禹州人,大学本科,高级工程师,主要从事地质、工程测量、地理信息等工作。E-mail:191813549@qq.com。

1.1 遥感技术

遥感技术以其独特的优势,能够从不同的空间尺度上实现大范围、多尺度、多时相的对地观测。遥感技术通过对地表周期性的重复观测,能快速地掌握地表事物的变化,并在此基础上分析和研究事物变化的规律、发展趋势,进而为区域农业、经济社会发展决策提供科学支持。遥感动态监测具有数据获取速度快,数据一致性和对比性强的突出优势,这是传统方法无可比拟的。

遥感解译数据源,一般情况下,应选择云雾覆盖少(云量小于10%)、多时相、可解译性强的遥感数据。

(1)遥感调查采用空间分辨率优于2m的遥感数据。

(2)在满足遥感调查精度的条件下,应选用影像层次丰富、图像清晰、色调均匀、反差适中的合格遥感数据源。优先使用国产资源三号、高分一号、高分二号等卫星影像数据。

(3)遥感调查数据源应具有较强的现势性,一般应选择植被生长旺盛期。

(4)遥感监测数据应至少满足一年覆盖一次的频率,根据我国目前卫星数据情况,国产资源三号、高分一号、高分二号等卫星影像数据基本可满足2m分辨率实现两次覆盖,亚米级数据基本实现一年一次覆盖,重点土地质量监测区域可采用无人机数据进行补充,提高解译精度。

以多时相、多光谱、多尺度遥感技术进行遥感解译工作,通过建立遥感解译标志,采用人机交互解译与计算机自动信息提取相结合的方法进行针对土地质量的遥感调查与监测,解译成果中各因子的分布特征、规模大小和相互关系及演变特征(尹国应等,2022;翟孟源等,2012;彭继达和张春桂,2019;吴啟南等,2017)。

1.2 遥感技术的应用

遥感技术在农业领域得到了广泛的应用,可为"两绿一特"综合实验区建设提供技术支持。

1. 遥感技术在农业方面的应用

(1)农作物播种面积遥感监测与估算:搭载遥感器的卫星或飞机通过田地时,可以监测并记录下农作物覆盖面积数据,在此基础上可以估算出农作物播种面积。

(2)遥感监测作物长势与作物产量估算:利用遥感技术在作物生长不同阶段进行观测,获得不同时间序列的图像,管理者可以通过遥感提供的信息,及时发现作物生长中出现的问题,采取针对措施进行田间管理(如施肥、喷施农药等)。管理者可以根据不同时间序列的遥感图像,了解不同生长阶段中作物的长势,提前预测作物产量。

(3)作物生态环境监测:利用遥感技术可以对土壤侵蚀、土地盐碱化面积进行监测,也可以对土壤、水和其他作物生态环境进行监测,这些信息有助于田间管理者采取相应措施。

(4)大气环境监测:遥感技术可对大气污染程度、变化以及范围进行监测。

(5)遥感技术获得的不同农作物覆盖面积数据,可以对农作物进行分类,估算每种农作物的播种面积(温礼等,2016;孙俊英等,2020;廖清飞等,2014;刘佳等,2020)。

2. 遥感技术在"两绿一特"示范区建设中的应用

(1)遥感技术估算的农作物播种面积和圈定的范围(图2),可为我们开展划定农产品区域提供依据。

(2)遥感技术显示的不同农作物播种面积(图3),为"两绿一特"综合实验区奠定了基础。经济作物(烟叶、辣椒、花生等)、粮食作物(小麦、玉米等)等不同农作物大类,按照经济作物、粮食作物等不同农作物大类划分出经济作物生产单元、粮食作物生产单元等(谢优平和屈伟军,2021)。

(3)遥感技术对大气污染程度、变化以及范围的监测,可为"两绿一特"综合实验区建设的大气干湿沉降物提供数据。

图 2　遥感解译农用地范围示意图

图 3　遥感解译不同农作物及生产单元示意图

（4）遥感技术对土壤、水和农作物生态环境监测，可为"两绿一特"综合实验区建设的动态监测，特别是土壤动态监测提供技术支持。

1.3　遥感动态监测

遥感技术以其独特的优势，能够从不同的空间尺度上实现大范围、多尺度、多时相的对地观测。遥感技术通过对地表周期性的重复观测，能快速地掌握地表事物的变化，并在此基础上分析研究事物变化的规律和发展趋势，具有数据获取速度快，数据一致性和对比性强的突出优势。

当示范区内出现如山体滑坡、泥石流、开矿挖沙、工业污水排放、工业废气排放、石油泄漏、土地利用性质改变等事件，影响到区内生态环境时，遥感可以监测到事件发生的时间、规模和影响范围，为进行现场调查提供信息。

2 案例

以郏县"两绿一特"示范区为例。

2.1 农用地单元划分

郏县"两绿一特"实验区位于长桥、堂街和姚庄3个乡镇,合计面积约124km²(图4)。实验区内农作物种类多样,粮食作物以小麦、玉米为主,经济作物以烟叶、辣椒、花生、大豆等为主,果树种植以猕猴桃、白桃、梨等为主。

图4 郏县"两绿一特"实验区交通位置图

根据区内地形地貌及遥感影像,结合野外实地踏勘,划分农用地单元。

郏县地形地貌:实验区位于郏县东南部、北汝河南北两侧的广阔平原地带,地势北西低、南东高,地形大部开阔平坦,局部有低山和洼地。区内第四系覆盖较厚,绝大部分为可耕地,东部小面积分布有低山丘陵(紫云山)。

2.2 农业生产单元划分

在地理单元划分的基础上,结合遥感影像及土地利用现状资料,经过实地走访和调查,将郏县农业生产单元按照种植方式,划分出规模化种植区(种植面积在200亩以上)和散户种植区(图5)。

2.3 绿色、特色农作物适宜性分区

综合各项评价指标,提出了实验区内农业种植的相关建议,将实验区划分为6个农业生产分区(图6),主要为:①大宗绿色农产品种植区;②以坡河萝卜为主导的绿色特色农产品种植区;③汝河湾绿色特色农产品种植区;④绿色特色果木种植区;⑤以"山儿西烟"为主导的烟叶种植区;⑥乡村旅游特色农产品种植区。

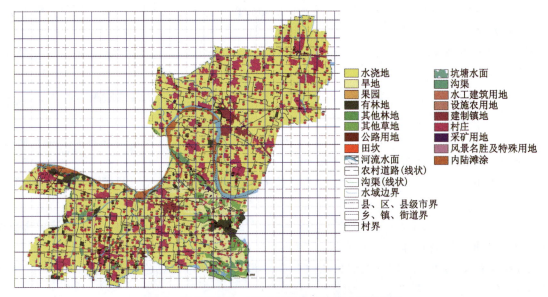

图 5　郏县"两绿一特"实验区农业种植分区示意图

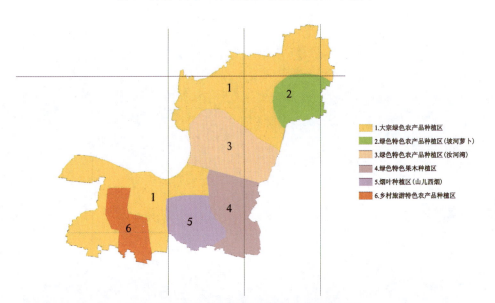

图 6　研究区绿色特色农作物种植建议分区图

3　结论

充分利用遥感技术的优势,通过对地表周期性的重复观测,能快速地掌握地表事物的变化,发展特色农业、绿色农业,调整和优化农业结构,发挥资源优势、产品优势和市场优势,可增加农民收入,是实现乡村振兴的突破口。

主要参考文献

李风玲,2006.中国农业地质工作展望[J].生态环境,15(5):1131-1132.

廖清飞,张鑫,马全,等,2014.青海省东部农业区植被覆盖时空演变遥感监测与分析[J].生态学报,34(20):5936-5943.

刘佳,王利民,滕飞,等,2020.高分六号卫星在农业资源遥感监测中的典型应用[J].卫星应用,(12):18-25.

彭继达,张春桂,2019.基于高分一号遥感影像的植被覆盖遥感监测:以厦门市为例[J].国土资源遥感,31(4):137-142.

孙俊英,刘吉,陈忠超,等,2020.驱动山区农业产业遥感监测的GMG协同系统建设与应用[J].测绘通报(11):124-127.

温礼,吴海平,姜方方,等,2016.基于高分辨率遥感影像的围填海图斑遥感监测分类体系和解译标志的建立[J].国土资源遥感,28(1):172-177.

吴啟南,郝振国,段金廒,等,2017.基于多源卫星遥感影像的水生药材芡实遥感监测方法研究[J].世界科学技术-中医药现代化,19(11):1787-1793.

谢优平,屈伟军,2021.面向农业保险的油菜长势遥感监测方法研究[J].国土资源导刊,18(4):80-84.

尹国应,张洪艳,张良培,2022.2001—2019年长江中下游农业干旱遥感监测及植被敏感性分析[J].武汉大学学报(信息科学版),47(8):1245-1256+1270.

翟孟源,徐新良,姜小三,2012.我国长江中下游农业区冬闲田的遥感监测分析[J].地球信息科学学报,14(3):389-397.